儿童下饭菜

U0312297

《健康大讲堂》编委会／主编

YUMMY DISHES FOR CHILDREN

黑龙江出版集团
黑龙江科学技术出版社

图书在版编目（CIP）数据

儿童下饭菜 /《健康大讲堂》编委会主编．
-- 哈尔滨 ：黑龙江科学技术出版社，2015.6
ISBN 978-7-5388-8403-6

Ⅰ．①儿… Ⅱ．①健… Ⅲ．①儿童—保健—菜谱
Ⅳ．①TS972.162

中国版本图书馆 CIP 数据核字（2015）第 152326 号

儿童下饭菜

ERTONG XIAFAN CAI

主　　编　《健康大讲堂》编委会
责任编辑　宋秋颖
策划编辑　深圳市金版文化发展股份有限公司
封面设计　深圳市金版文化发展股份有限公司
出　　版　黑龙江科学技术出版社
地址：哈尔滨市南岗区建设街 41 号　邮编：150001
电话：(0451)53642106　传真：(0451)53642143
网址：www.lkcbs.cn　www.lkpub.cn
发　　行　全国新华书店
印　　刷　深圳雅佳图印刷有限公司
开　　本　723 mm×1020 mm　1/16
印　　张　15
字　　数　200 千字
版　　次　2015 年 11 月第 1 版　2016 年 4 月第 2 次印刷
书　　号　ISBN 978-7-5388-8403-6/TS・600
定　　价　29.80 元

【版权所有，请勿翻印、转载】

序言 PREFACE

孩子生病时不想吃饭，天热时不想吃饭，吃零食之后更不想吃饭……孩子不爱吃饭的理由总是有很多，但却怎么也无法消解父母心中隐隐的不安。面对孩子吃饭的难题，父母往往是左右为难，强迫孩子进食不好，不让孩子吃零食又担心他饿肚子，不允许孩子玩玩具，他更不会吃饭。吃饭这么简单的小事，在孩子这里怎么就如此难了呢？为了孩子，再怎么难也要努力，家长想尽办法，追赶、哄、奖励……结果却依然不容乐观。

那么，孩子食欲不佳怎么办？如何改善孩子的食欲？怎样做出丰富多彩的儿童开胃菜？想必这些也是困惑了妈妈们许久的问题，尤其是对不太擅长厨艺的妈妈来说，光是解决孩子的一日三餐就已经够头疼的了。基于此，我们特别编写了这本《儿童下饭菜》，旨在帮助妈妈们更好地解决孩子吃饭难的问题，让孩子从此爱上吃饭。

本书在解析孩子不爱吃饭的原因的基础上，为妈妈们提供了多个增进孩子食欲的小妙招，让孩子吃饭不再是难题。同时，我们还精选了多道不同食材、不同口味、色彩鲜亮、造型美观的菜例，以供家长选择。无论是食材的挑选和制作，还是每道菜肴的营养功效，方方面面尽在解除家长们的难题，让孩子爱上吃饭。

除了让孩子爱上吃饭，怎样让孩子吃得更健康、更科学，也是我们编写此书的目的。四季有变化，食物也是各有千秋，顺时而养，依据季节的变化选择适合孩子的食物，也是让孩子胃口大增的一大诀窍。而在此基础上，帮助孩子选择营养功能餐，如健脾养胃餐、健脑益智餐、增高助长餐等，则是贴心妈妈们的智慧选择。

选择虽易，动手也很简单。您只需扫描图片下方的二维码或下载“掌厨”APP，即可免费观看菜品的视频制作过程，轻轻松松为孩子制作属于他的“爱心妈妈餐”。

Contents 目录

PART 1 轻轻松松，让孩子爱上吃饭

PART 2 有滋有味，最爱百变下饭菜

PART 3 四季下饭菜，开启味觉之旅

PART 4 营养功能餐，尽在特色下饭菜

妈妈必修课

俗话说，好身体才能成就好未来。健康强壮的身体是孩子快乐成长的基础。然而，生活中，不爱吃饭的孩子比比皆是。孩子食欲不佳，长期挑食、厌食会导致营养不良，进而还会影响到生长发育。那么，儿童成长不可或缺的营养元素有哪些？孩子不爱吃饭的原因是什么？如何让孩子爱上吃饭？本章将为烦恼中的妈妈们提供多种有效解决孩子吃饭难题的妙招，轻轻松松让孩子“胃”口常开。

轻轻松松，让孩子爱上吃饭

儿童健康成长营养需求

孩子不好好吃饭问题多

孩子不爱吃饭的原因

让孩子爱上吃饭的八个妙招

儿童健康成长营养需求

充足、合理的营养供给是孩子健康成长的基础，营养过多或不足都会危害健康。食物是营养素的重要来源，要获得足够且均衡的营养，就需要了解儿童所需的营养素有哪些，哪些食物包含这些必需的营养素。下面就跟我们一起来看看吧！

糖类——机体的主要成分

糖类又称碳水化合物，是供给机体热量的主要营养素，具有保持体温、促进新陈代谢、驱动肢体运动和维持大脑神经系统正常功能的作用。膳食中糖类摄入不足会导致热能摄入不足，体内蛋白质合成减少，机体生长发育迟缓，体重减轻；如果糖类摄入过多，则可能导致脂肪积聚过多而导致肥胖。

通常，2岁以上的儿童每日膳食中糖类的摄入量为总能量的55%～65%。糖类的食物来源有粗粮、杂粮、蔬菜及水果。

脂肪——能量提供者

脂肪是机体的第二类功能营养素，其主要功能是供给热量及促进脂溶性维生素的吸收。膳食中供给足量的脂肪，可缩小食物的体积，减轻胃肠负担；如果膳食中脂肪缺乏，儿童往往体重不增、食欲差、易感染、皮肤干燥，甚至出现脂溶性维生素缺乏症。6个月以内的宝宝，每日脂肪供给为总能量的45%～50%；6个月至2岁的宝宝，每日脂肪供给为总能量的35%～40%；2岁以上的儿童，每日脂肪供给为总能量的30%～35%。

脂肪的主要来源有禽畜肉类、鸡蛋、花生、核桃、芝麻、松子、食用油等。

蛋白质——生命的载体

在体内新陈代谢中起催化作用的酶、调节生长的各种激素以及具有免疫功能的抗体都是由蛋白质构成的。蛋白质还被机体用于新组织的生长和受损细胞的修复。此外，蛋白质对维持儿童体内的酸碱平衡和水分的正常分布都有重要作用。

儿童所需的蛋白质较成人多，日常饮食中除了要保证蛋白质的量，还要保证优质蛋白的摄取比例，动物性蛋白质和大豆类蛋白质的摄入量要占蛋白质总摄入量的1/2，可从鲜奶、蛋、肉、鱼、大豆及其制品中摄取。

维生素——生命元素

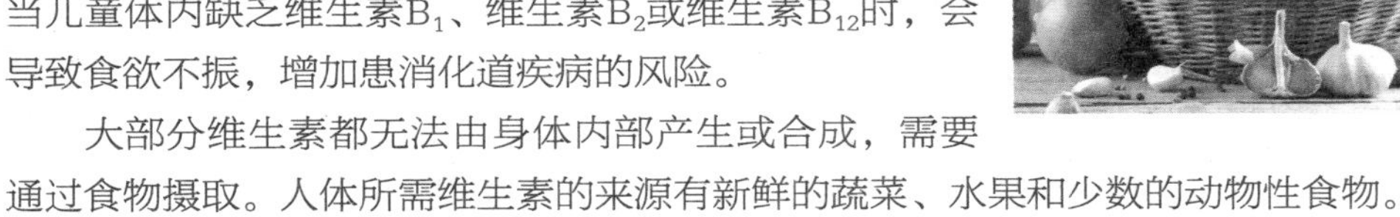

维生素在人体生长、代谢、发育过程中发挥着重要的、不可或缺的作用。对儿童健康成长起重要作用的维生素有：维生素A、维生素D、维生素C、维生素B_1、维生素B_2、维生素B_6、维生素B_{12}、维生素E、维生素K等。当儿童体内缺乏维生素B_1、维生素B_2或维生素B_{12}时，会导致食欲不振，增加患消化道疾病的风险。

大部分维生素都无法由身体内部产生或合成，需要通过食物摄取。人体所需维生素的来源有新鲜的蔬菜、水果和少数的动物性食物。

矿物质——必备营养素

虽然矿物质在人体内的总量不及体重的5%，也不能提供能量，但矿物质是人体必需的元素之一，是构成机体组织的重要原料，如钙、磷、镁是构成骨骼、牙齿的主要原料；铁是造血的主要原料，还能提高机体的抵抗力；锌能增进孩子食欲，促进生长发育；钾的主要功能是维持体内酸碱平衡，参与能量代谢，协助肌肉正常收缩；碘能参与调节体温，使机体保持正常的生命活动。

矿物质在体内无法自己产生、合成，必须从食物和饮用水中摄取。因此，儿童食物来源应多样化，以保证营养素的全面、均衡。

膳食纤维——肠胃卫士

膳食纤维主要来自于植物的细胞壁，包含纤维素、半纤维素、树脂、果胶及木质素等，不易被消化。膳食纤维有刺激肠道蠕动、减少有害物质对肠道壁的侵害、促进排便通畅、减少便秘及其他肠道疾病发生、增进儿童食欲的作用，还可帮助儿童保持健康的肠胃功能，预防成年后的许多慢性疾病。

膳食纤维的食物来源有糙米、大麦、小米、玉米等粗粮，根菜类和海藻类蔬菜。

水——生命之源

水是人体赖以生存的重要物质，各种营养素在人体内的消化、吸收、运转和排泄都离不开水。水还能为机体提供部分矿物质。

儿童每日需水量的60%～70%来自于食物，剩余的30%～40%则需靠日常饮水补充。1岁以内的宝宝每日每千克体重需水量为125～150毫升，以后每长3岁，每千克体重需水量减少25毫升。

孩子不好好吃饭问题多

“乖，别跑！来，再吃一口！”“不好好吃饭，就不准看动画片啰！”……这样的情况，你是不是在生活中也经常遇到呢？为了让孩子多吃一口饭，家长们想尽办法，可结果却事与愿违。那么，孩子吃饭的难题有哪些？它们对孩子的健康有些什么影响呢？

边吃边玩

玩是孩子的天性，然而，吃饭时东张西望、玩游戏、看电视、到处跑……好不容易吃了一口，可下一口饭就不知道要等多久孩子才愿意吃。这样消耗掉的不仅是家长们的耐心，更是孩子的健康。

孩子边吃边玩，首先会影响食物的消化吸收。活动量大，会使血液流向大脑和四肢，分布在胃肠道的血液随之减少，孩子的消化功能就会出现紊乱；在吃饭的时候做其他事，无疑会延长孩子吃饭的时间，使大脑皮质的摄食中枢兴奋性减弱，导致胃内各种消化酶的分泌减少，胃的蠕动功能减弱，妨碍食物的消化吸收。

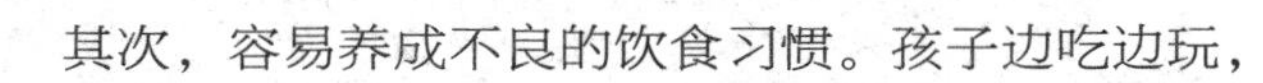

其次，容易养成不良的饮食习惯。孩子边吃边玩，注意力都在吃饭之外的事情上，无暇顾及食物的味道和质地，久而久之，对吃饭会越来越没有兴趣，甚至会以吃饭作为玩的条件，容易形成不良的饮食习惯。

最后，容易造成意外伤害。孩子在玩时嘴里含着食物，很容易发生食物误入气管的情况，轻者出现剧烈呛咳，重者可能导致窒息。会走会跑的孩子边吃边玩更危险，孩子含着小勺或骨头等质地较硬的食物跑来跑去，一旦摔倒，硬物可能会刺伤口腔或咽喉。

挑食

“萝卜青菜，各有所爱”，孩子对不同的食物有喜恶是可以理解的。然而，贴心的家长们不能不知，当遇到以下情况时，就说明孩子有挑食的问题：同年龄段宝宝喜欢吃的食物，他不喜欢吃，而且种类达数种以上，这一情况持续的时间较长；或孩子因不喜欢食物的口味以及不良的饮食习惯而拒绝进食或极少进食某一类食物；或选择性地凭个人喜好无节制地大量进食某些食物，且进食频率高，影响到吃其他食物。

营养专家指出，挑食是引起儿童贫血、软骨症、坏血病、免疫力低下、口角炎、多动症、手足抽搐、脾气暴躁、爱哭闹的原因之一。这决不是危言耸听，事实上，孩子挑食可能产生的危害比家长想象的还要严重，具体包括：

1.阻碍儿童成长。儿童成长所需的营养素有很多，如蛋白质、脂肪、矿物质、维生素等，而自然界中没有哪一种食物包含人体所需的全部营养素，因此挑食会导致营养失衡，阻碍孩子的正常生长。例如，只爱吃肉不爱吃蔬菜的孩子，摄入的维生素和纤维素太少，容易引起小儿肥胖和便秘；只吃素食不爱吃肉的孩子则缺乏生长发育必需的蛋白质和脂肪，往往体格发育欠佳、体质偏弱、身材矮小、消瘦、抵抗力差。

2.患病的概率增加。挑食可使孩子食欲减退，长此以往，维持身体健康所需的营养素无法得到及时的补充，身体素质下降、抗病能力不足，容易患感染性疾病、消化道疾病或各种维生素缺乏性疾病。

3.影响孩子智力发育。研究表明，正常孩子的智力发育指数要比挑食孩子高14分，挑食孩子容易出现注意力不集中的现象。这是因为，脑部的发育同样需要充足而全面的营养供给，长期挑食，营养供给不足，会影响脑部发育。

没食欲

“妈妈，我知道好好吃饭才是乖宝宝，可我就是吃不下！”当孩子弱弱地表达自己的心声时，父母除了心疼，往往还有些手足无措，孩子是生病了，还是自己做的饭不好吃？这究竟是怎么一回事呢？

孩子没食欲，一直是妈妈无法破解的难题。妈妈担心孩子没食欲会营养不足，甚至是生病的前兆。如果孩子只是偶尔出现这样的情况，进食量与其年龄相当，父母大可不必过于担心。孩子的食欲会因情绪、进食量和天气的变化而改变，例如上一顿吃得比较多，这顿就吃得少一些；饮水较平时增多，胃液被冲淡，以至食欲减退；夏季天气闷热，休息、睡眠欠佳，神经中枢处于紧张状态，体内某些内分泌腺体的活动水平也有改变，这些均会影响到胃肠道的活动，使食欲减退。

不过，当孩子出现持续性的没食欲、进食量不足时，正常生长发育所需要的营养素无法得到供给，会导致孩子生长发育迟缓，或营养素缺乏。例如，孩子缺乏维生素D，会出现佝偻病、“X”型腿或“O”型腿；缺乏维生素A，孩子患近视、夜盲症等眼部疾病的风险会大大增加。父母应该及时寻找原因，让孩子爱上吃饭。

孩子不爱吃饭的原因

妈妈兴致勃勃地将做好的菜肴端上桌，心想“今天的菜不错，宝贝应该会多吃一点”。然而，孩子怎么也不愿意吃。是由着他（她）不吃饭，还是勉强他（她）吃一点？事出有因，孩子不爱吃饭到底是谁在作怪？下面就为您一一解析。

疾病影响

孩子不好好吃饭，有一部分原因是病理因素。当儿童患有胃肠道疾病、消化不良、口腔疾病或感冒发热时，消化功能减弱，往往也会出现食欲不振等症状。

另外，空气过于潮湿，饥一顿饱一顿或偏食生冷、口味偏淡的食物等，也会影响脾胃运化、吸收功能，加之儿童脾胃功能还未发育完全，更容易患厌食、腹泻等疾病，进而引起食欲不振。

缺锌

大量研究表明，儿童厌食、异嗜癖与体内缺锌有关。锌含量低于正常值的儿童，其食欲较健康儿童差。锌对人体食欲的影响，主要体现在以下几个方面：①唾液中味觉素的组成成分之一是锌，体内锌缺乏，会影响味觉和食欲；②锌缺乏可影响味蕾功能，使味觉功能减退；③缺锌会导致黏膜增生和角化不全，使大量脱落的上皮细胞堵塞味蕾小孔，食物难以接触到味蕾，味觉变得不敏感。

家长可肉眼观察一些孩子的舌象，如果发现其舌面上一颗颗小小的突起与正常孩子的相比，呈扁平状，或呈萎缩状态，或有明显的口腔黏膜剥脱，即可判断孩子是缺锌了。

食物不合口味

尽管孩子的味觉不及大人的灵敏，但随着年龄渐增，他们对食物的味道要求会渐多，淡淡的咸味或甜味都不再受孩子欢迎，重复单一的口味也会令他们生厌。面对不喜欢的食物，孩子当然会没食欲啦！

何况，每个人的口味都不尽相同，受地域、饮食习惯以及个人喜好的影响，有的孩子喜欢清淡的食物，有的喜欢口味重一点的；有的喜酸，有的喜甜……如果家长只是为孩子烹饪食物而不照顾孩子的口味，孩子很有可能会不喜欢吃。

饮食习惯不当

喂养不当。4个月前，母乳是婴儿最好的食物，4个月后，母乳的营养成分就不能满足其生长发育的需要了，因此，宝宝4～6个月时必须逐渐添加辅食直至断奶。这不仅能满足孩子生长发育的营养需求，还能锻炼婴儿的咀嚼能力，为从流食过渡到半流食，直到固体食物做好准备。

如果辅食添加不及时，孩子到了该断奶的年龄，咀嚼能力不足，可能就没有能力进食乳类之外的食品。当需要咀嚼和吞咽稍大或稍硬的食物时，口感不适，甚或是有畏难情绪，均会直接影响到孩子的进食兴趣。

爱吃甜食。甜食是大多数宝宝钟爱的食物，但也是影响孩子健康的一大敌人。吃过多甜食不但会导致体内蛋白质的流失、龋齿和肥胖，还可能使儿童食欲减退。

吃甜食时感觉到有甜味，是因为食物中含有一定量的蔗糖。蔗糖是一种双糖，进入人体后，在很短的时间内就可以分解为葡萄糖。葡萄糖被吸收进入血液后，血糖浓度会迅速上升，刺激人体的食欲中枢，产生饱腹感。尤其是在餐前半小时内，进食过多的甜食，很难有饥饿感，食欲也就随之减退。

吃零食过多。有些家长对孩子的饮食习惯听之任之，不管什么时候，孩子想吃东西就给他吃，孩子喜欢吃什么就给他买什么；有些家长甚至把零食当作哄孩子的工具，孩子一哭就给点儿吃的；有些则把食物作为体现母爱和父爱的标准，总担心孩子饿着，于是零食不断。这样一来，一些儿童进食过多的零食，胃总处于“工作”状态而没有足够的排空时间，正餐时孩子自然会食欲不佳。

挑食、偏食。有些父母爱给孩子挑选自认为最好的、最营养的食物，这种挑挑拣拣的习惯，无形中给孩子留下深刻的印象，久而久之，孩子也会倾向于吃自己喜欢的食物，而对自己不太认可的食物就很少吃，甚至不吃。

心理因素

通常，孩子在就餐前，胃内空虚，血糖下降，开始有饥饿感，食欲会很好。但是，如果因为孩子不好好吃饭或孩子学习不好等原因，在餐桌上批评教育孩子，或勉强孩子吃他不愿意吃的食物，都会使孩子害怕吃饭，或觉得吃饭是一件不愉快的事。孩子在不愉快的情绪下进食，食物没有经过仔细咀嚼，硬咽下去，感觉不到饭菜的可口香味，对食物也没有兴趣，长此以往，可能会厌食。

另外，孩子在畏惧、烦恼的情绪下进食，不利于消化液的分泌，即便孩子把饭菜吃进肚子里，食物也无法被充分消化、吸收。久而久之，其消化能力减弱，营养吸收出现障碍，造成营养不良，更会使其拒食加剧，影响正常的生长发育。孩子吃多吃少，要由他们正常的生理和心理状态决定，决不能以大人的主观愿望为准，强迫进食。

让孩子爱上吃饭的八个妙招

宝宝会走了，会跳了，越来越可爱的同时，也多了很多“小毛病”，其中最让父母头痛的就是他们的吃饭难题。孩子只有吃得好，才能长得好。怎样让宝宝大口扒饭，活力满格？下面这些妙招可能会让您有所启发。

培养正确的饮食习惯

对孩子吃饭问题的认识不能仅仅停留在让孩子吃多少的问题上，更要注意培养孩子正确的饮食习惯。良好的饮食习惯会让孩子受益终生。

做好孩子的榜样。“言传不如身教”，父母的饮食习惯会直接影响孩子。作为孩子的榜样，在进餐时，父母要尽量做到不偏食、不挑食，更不要在吃饭的时间看电视、聊天，或用零食替代正餐。

固定进餐时间。通常，一日三餐的进餐时间应相对固定。吃饭时间一到，全家人最好一同在餐桌上用餐，并规定孩子得吃完自己的那一份。如果孩子不吃完，就算他饭后饿了，也不要再给他任何零食，久而久之，孩子便会养成定时、定量进餐的好习惯。

减少正餐之外的食物

尽管在正餐之外给孩子补给适量的零食有其必要性，但过犹不及。零食，尤其是膨化饼干、碳酸饮料等食物，均含有较高的糖分，不但会减弱孩子的食欲，还有可能造成儿童肥胖。除了减少孩子正餐之外的食物供给量，还要注意在餐前1小时以内尽量不要让孩子吃任何零食，以避免“本末倒置”不吃正餐的情况。

增进孩子的食欲

想让孩子好好吃饭，父母不妨改变策略，另辟蹊径，或许能取得更好的效果。

遵循“胃以喜为补”的原则。饮食重在适宜、适量、适口，而非精、贵，适合孩子的才是最好的。父母要让孩子拥有对食物的自主权，尤其是当孩子食欲不佳时，可多选择孩子喜欢的食物和口味，进而诱导孩子进食，待其食欲增进后再按营养需求供给食物。

增加运动量。适量的运动有助于加速机体的新陈代谢，促进食物消化吸收，提高食欲。运动会加大体能消耗，产生饥饿感，食欲自然也不会太差。不过，儿童肌肉组织未发育完全，应避免过度疲劳。

选购孩子喜爱的餐具

孩子都喜欢拥有属于自己独有的东西，市面上餐具种类很多，设计精美。有的孩子喜欢有卡通图片的，有的孩子则喜欢形状独特的，家长可根据孩子的喜好选择，也可以带孩子去挑选他自己喜爱的餐具，这样可提高孩子吃饭的欲望。

在菜色上做文章

在营养均衡的前提下，将食物做得色、香、味、形俱全，也是增进孩子食欲的好办法。

色：父母可利用食材自然的颜色，适当组合搭配，制作美味又能激发孩子进食兴趣的食物，如将黄色的玉米、红色的胡萝卜和火腿肠搭配在一起，孩子一般都很爱吃。

香：一盘香喷喷的菜，会把孩子吸引过来。在菜肴出锅前撒上葱花，或在菜中加入一点芝麻油，均能提香。

味：好味道才会有好的胃口。孩子的食物不能味道太重，但也不能没味道。调味是一门很大的学问，家长可以学习一点基本的操作方法，在学会一种或几种菜的基础上，举一反三，做出适合孩子口味的饭菜。不过，在儿童食物中应少用味精、辣椒，不用酒、咖啡等调味品。

形：将许多食物加工，做成各种几何图形、动物的形状，孩子会爱不释手。家长可能会觉得有点难度，不过，这些都可以通过模具完成。

让孩子参与做饭的过程

鼓励孩子参与做饭，例如，带孩子上市场买菜，让他帮忙择菜、摆放餐具等，甚至可征求孩子的意见，请孩子协助一起做饭。自己动手，不但有参与感，也能因为了解做一道菜的每个步骤，增加进食兴趣。

为吃饭增添趣味性

喂孩子吃饭时，可采用轻松、活泼的语气，或是放上一段轻柔的音乐。轻松、愉悦的气氛会让吃饭不仅仅是吃饭而已，孩子的进食兴趣也会更浓。值得注意的是，孩子吃饭前，或是吃饭时，父母尽量不要对孩子进行“餐桌教育”。

中医手法健脾胃

脾胃为后天之本，气血生化之源。儿童生长发育所需要的一切营养物质，均需脾胃生化。利用中医手法帮助孩子按摩，能起到健脾养胃、增进食欲、促进消化的作用，进而提高小儿身体素质。家长可在医师的指导下，为孩子选择适合的按摩手法，如“扎四缝”、捏脊或腹部按摩等，以调节孩子的脾胃功能。

妈妈必修课

妈妈们可曾想过，孩子不爱吃饭，或许只是因为食物吸引力不够。那些富有变化、色彩丰富、造型独特的食物往往能得到孩子的青睐。那么，怎样花最少的时间、用最简单的食材烹饪出让孩子眼前一亮、胃口大开的菜肴呢？针对不爱吃饭的孩子，本章特别挑选多道能吸引孩子并刺激孩子食欲的菜肴，在注重品相的同时，更加注重营养的合理搭配。

有滋有味，最爱百变下饭菜

烹饪有道，儿童菜烹饪方法及技巧

清脆可口，蔬菜类

香嫩爽滑，菌豆蛋类

浓香四溢，禽畜类

鲜入为主，水产类

烹饪有道，儿童菜烹饪方法及技巧

拌

拌是冷菜的烹饪方法，操作时把生的原料或放凉的熟料切成丝、条、片、丁或块等形状，再加上各种调味料，拌匀即可。拌的菜肴一般具有鲜嫩、爽口、不腻、色泽鲜亮的特点，其用料广泛，荤、素均可，生、熟皆宜。

凉拌菜首选新鲜、当季盛产的食材，滋味较好。食材宜切得大小适中，且有些新鲜蔬菜手撕口感更好。食材要完全沥干，以免水分稀释味汁，导致风味不足。此外，各种调味料，宜先用小碗调匀，待要上桌时再和菜肴一起拌匀，风味更佳。

炒

炒是使用最广泛的一种烹调方法，以油为主要导热体，用葱、姜末炝锅，再将切好的原料直接用旺火热炒。炒最能体现中式菜肴“色、香、味、形”的诱人特质。

适用于炒的原料，多经刀工处理成小型丁、丝、条、片、球等形状，大小、粗细均匀。原材料以质地细嫩、无筋骨为宜。操作过程中要求火旺、油热，锅要滑，动作要迅速。炒一般不用淀粉勾芡；炒的时候，油量的多少一定要视原料的多少而定。

熘

熘是一种热菜烹饪方法，在烹饪中应用较广。将加工、切配的原料用调料腌渍入味，经油、水或蒸汽加热成熟后，再将调制的熘汁浇淋于烹饪原料上或将烹饪原料投入熘汁中翻拌成菜。

熘菜的关键是熘汁，熘汁是否成功，直接关系到菜肴的质量。熘汁一般用淀粉、调味品和高汤勾兑而成。在食材将熟时，把兑好的熘汁泼入锅内，炒匀。熘汁的多少与主料的量有关。如果汁少料多，会使汁浆包裹不均，菜肴变得腻腻糊糊。

烧

烧是烹调中的一种常见技法，成菜饱满光亮、入口软糯、味道浓郁。烧是以水为导热媒介，先将主料进行一次或两次以上的预热处理后，放入汤中调味，大火烧开后，转小火烧至入味，最后用大火收汁成菜的烹调方法。

烧菜所选用的主料多数是经过油炸、煎炒或蒸煮等熟处理的半成品，但也可以直接采用新鲜的原料。所用的火力以中小火为主，辅助以大火收汁，加热时间的长短根据原料的老嫩和大小而不同。汤汁一般为原料的四分之一左右，烧制菜肴后期转旺火勾芡，也可不勾芡。

蒸

蒸是将原料放在容器中，以蒸汽为传热介质加热，使调好味的原料成熟或酥烂入味的一种烹饪方式。蒸菜的鲜味、营养成分不受破坏，且能保留菜肴原形。

蒸菜的原料必须新鲜、气味纯正。加热过程中水分充足，湿度达到饱和，成熟后的原料才能质地细嫩、口感软滑。一般来讲，蒸时要用强火，但精细材料要使用中火或小火。蒸时稍微留缝隙，可避免蒸汽在锅内凝结成水珠流入菜肴中。

煎

日常所说的煎，是指先把锅烧热，再以凉油涮锅，留少量底油，放入原料，先煎一面，再煎另一面，使食物表面呈金黄色乃至微煳即可。煎出来的食物味道甘香可口。

煎制食物，用油要纯净，油量以不浸没原料为宜，煎时要不断晃锅或用手铲翻动，使其受热均匀，使食物呈金黄色或表皮酥脆；煎时要掌握好火候，不能用旺火煎；还要掌握好调味的方法，一定要将原料腌渍入味，否则煎出来的食物口感不佳。

煮

煮是将原材料放在大量的汤汁或清水中，先用大火煮沸，再用中火或小火慢慢煮熟。所制食品口味清鲜、美味，避免了烧烤类的油腻与致癌物，是一种健康的烹饪方式。

煮不同于炖，煮比炖的时间要短，一般适用于体积小、质软的原材料。煮时不要放入过多的葱、姜、料酒等调味料，以免影响汤汁本身的味道。煮的时候，不要过早放入酱油，以免汤味变酸，颜色变暗发黑，并且忌让汤汁大滚大沸，以免肉中的蛋白质分子运动激烈使汤浑浊。

煲

煲是指将原材料用文火慢慢地煮、慢慢地熬。煲汤有一个秘诀，那就是“三煲四炖”，就是煲一般需要三个小时左右，炖则需要四个小时左右。

煲汤往往选择富含蛋白质的动物原料，最好用牛、羊、猪骨和鸡、鸭骨等。煲汤中途不宜添加冷水，因为正加热的肉类遇冷收缩，蛋白质不易溶解，汤便失去了原有的鲜香味。煲汤不宜太早放盐，否则肉中的蛋白质凝固，会使汤色发暗，浓度不够。

烩

烩是指将原料投入锅中略炒或在滚油中过油或在沸水中略烫之后改刀，再放在锅内，加水或浓肉汤，加作料，用武火煮片刻，然后加入芡汁拌匀至熟的烹饪方法。

烩菜对原料的要求比较高，多以质地细嫩柔软的动物性原料为主，以脆鲜嫩爽的植物性原料为辅。烩菜原料多经焯水或过油，有的原料还需上浆后再进行初步的熟处理，均不宜在汤内久煮。一般以汤沸即勾芡为宜，以保证成菜的鲜嫩。

清脆可口，蔬菜类

蔬菜是餐桌上不可缺少的美味佳肴，这不仅在于其爽脆的口感、鲜艳的色彩，更在于它的营养价值。蔬菜是人体维生素、纤维素以及多种矿物质的重要食物来源，吃蔬菜益处多多，父母平时可多为孩子讲解有关蔬菜的知识，让孩子在耳濡目染中爱上蔬菜。

选择技巧

1.多品种。蔬菜种类丰富多样，可以激发孩子对蔬菜的兴趣，为孩子提供多种营养。

2.看颜色。多选择颜色较深的蔬菜。一般来讲，颜色较深的蔬菜营养价值高，如深绿色叶菜中所含的维生素C、胡萝卜素及矿物质较浅色蔬菜要高；颜色异常的蔬菜不宜选。

3.挑形状。选择形状正常的蔬菜，形状异常的蔬菜用激素处理过，不宜给孩子食用。

4.闻气味。气味不仅能用来辨别肉类的优劣，同样可以作为选购蔬菜的依据。菜表面有药斑或有不正常、刺鼻的化学药剂味时，表明可能有残留农药，绝对不能选购。

制作秘籍

1.蔬菜应先洗后切，因为蔬菜中含有大量的维生素C，维生素C是水溶性的维生素，很容易溶解在水中。先洗后切可以减少维生素C和其他水溶性维生素的流失。

2.烹调过程中宜用大火快炒，蔬菜加热的时间越长，其中的营养素流失就越多。

3.一些带皮的蔬菜最好连皮一起吃，如茄子、萝卜等，表皮中的维生素含量要比内瓤高，建议在烹制时不要去皮，这样既避免了营养流失又节省了时间。

4.炒蔬菜时加点醋，可防止维生素C、维生素B_1、维生素B_2氧化，促进钙、磷、铁等成分溶解；炒蔬菜时尽量少加水，菜汁适量即可；盐要晚点加，使味道均匀。

妈妈课堂

1.在孩子消化、咀嚼能力尚未发育完善的情况下，蔬菜宜切得细小，以利于吞咽和消化。

2.将不同颜色、形状的蔬菜搭配，摆出不同的可爱形状，以引起孩子的食欲。

3.将蔬菜做得丰富多样，不要只做单调的炒青菜，可以在蔬菜中拌入生姜、米醋和芝麻油，制成凉拌菜，或是多种蔬菜搭配制成蔬菜沙拉，换下口味，孩子会更喜欢。

4.孩子暂时无法接受某一种蔬菜，无须过度担心，可以找到营养相近的蔬菜暂代，如不爱吃胡萝卜，可以吃富含胡萝卜素的西蓝花、油麦菜等，不要强硬地逼迫孩子进食。

5.要让孩子多吃蔬菜，可以让蔬菜以不同的形式呈现在孩子面前，如把蔬菜“藏”在饺子馅、肉丸子中；煮面条时搭配上小黄瓜、豆芽、白菜等。

腰果葱油白菜心

◐ 原料：腰果50克，大白菜350克，葱条20克

◐ 调料：盐、鸡粉各2克，水淀粉、食用油各适量

◐ 做法：

1.将洗净的大白菜对半切开，去芯，切成小块，装入盘中，待用。
2.热锅注油，烧至三成热，放入腰果，炸香，捞出，装入盘中，备用。
3.锅底留油，放入葱条，爆香。
4.将葱条捞出，放入大白菜，翻炒匀。
5.加入盐、鸡粉，炒匀调味。
6.倒入适量水淀粉。
7.将锅中食材拌炒均匀。
8.将炒好的菜装入碗中，再放上腰果即成。

白菜心含有膳食纤维、硒、钼，有开胃消食、预防感冒等功效，也有减肥的作用；腰果含有维生素A、B族维生素，可改善食欲不振的症状、增强人体抗病能力。两者同食，可以促进食物消化、增强儿童免疫力。

推荐食谱

包菜菠菜汤

◐原料：包菜120克，菠菜70克，水发粉丝200克，高汤300毫升，姜丝、葱丝各少许

◐调料：芝麻油少许

◐做法：

1.清洗干净的菠菜切成长段。
2.清洗干净的包菜先切去根部，再切成细丝，装入盘中，待用。
3.锅中注入适量水，大火烧热，倒入适量高汤，搅拌均匀。
4.放入姜丝、葱丝，用大火煮至沸。
5.倒入备好的菠菜、包菜、粉丝，拌匀，转中火略煮一会儿至食材熟透。
6.淋入少许芝麻油，搅拌匀。
7.关火后盛出煮好的汤料即可。

营养功效

菠菜具有补血止血、通肠胃、调中气、活血脉等功效；包菜含有丰富的维生素C、维生素E、β-胡萝卜素等，有补髓、利关节、壮筋骨、利五脏、调六腑、清热止痛等功效，非常适合儿童食用。

推荐食谱

豉香山药条

◐ 原料：山药350克，青椒25克，红椒20克，豆豉45克，蒜末、葱段各少许

◐ 调料：盐3克，鸡粉2克，豆瓣酱10克，白醋8毫升，食用油适量

◐ 做法：

1.青椒、红椒切开，切成条形，再改切成粒；去皮的山药切成块，再切成条。

2.锅中注水烧开，放入白醋、盐、山药，搅散，煮约1分钟，至其断生，捞出，沥干。

3.用油起锅，倒入豆豉，加入葱段、蒜末，爆香，放入切好的红椒、青椒，炒匀，倒入豆瓣酱，翻炒匀。

4.放入焯过水的山药条，快速翻炒均匀，加入盐、鸡粉，翻炒片刻，至食材入味。

5.关火后盛出炒好的食材，装入盘中即可。

山药含有黏液蛋白和多种维生素、矿物质，具有健脾、除湿、补气、益肺、固肾、强健身体、助消化、敛虚汗、止泻等功效，小儿常食，对肺虚咳嗽、脾虚泄泻、慢性肠炎引起的消化不良等症有一定的食疗作用。

推荐食谱

蒜蓉菠菜

◐ 原料：菠菜200克，彩椒70克，蒜末少许

◐ 调料：盐、鸡粉各2克，食用油适量

◐ 做法：

1.将洗净的彩椒切成粗丝。
2.洗好的菠菜切去根部。
3.用油起锅，放入蒜末，爆香。
4.倒入彩椒丝，翻炒一会儿。
5.再放入切好的菠菜，快速炒匀，至食材完全断生。
6.加入盐、鸡粉。
7.用大火翻炒至入味。
8.关火后盛出炒好的食材，放入备好的盘中，即可食用。

菠菜含有大量的植物粗纤维，具有促进肠道蠕动的作用，利于排便，且能促进胰腺分泌，帮助消化；其所含的类胡萝卜素，在人体内转变成维生素A，能维护正常视力和上皮细胞的健康，增加预防传染病的能力，促进儿童生长发育。

推荐食谱

芝麻洋葱拌菠菜

◐ 原料：菠菜200克，洋葱60克，白芝麻3克，蒜末少许

◐ 调料：盐2克，白糖3克，生抽4毫升，凉拌醋4毫升，芝麻油3毫升，食用油适量

◐ 做法：

1.去皮洗好的洋葱切成丝。
2.择洗净的菠菜切去根部，再切成段，备用。
3.锅中注入适量水，淋入食用油，放入切好的菠菜，搅匀，焯煮半分钟。
4.倒入切好的洋葱丝，搅匀，再煮半分钟。
5.捞出焯煮好的食材，沥干水分。
6.将菠菜、洋葱装入碗中，加入盐、白糖。
7.淋入生抽、凉拌醋，倒入蒜末，搅拌入味。
8.淋入芝麻油，撒上白芝麻，搅拌均匀；将拌好的食材装入盘中即可。

白芝麻含有维生素、亚油酸、蛋白质、多种矿物质等营养成分，有补血明目、祛风润肠、益肝养发、强身健体之功效；菠菜有“营养模范生”之称，它富含类胡萝卜素、维生素C、铁等多种营养素，儿童食用，能补肝肾、滋五脏、益精血。

金钩白菜

◐ 原料：白菜叶270克，水发香菇35克，海米少许，高汤300毫升

◐ 调料：盐1克，鸡粉2克，料酒4毫升，老抽2毫升，蚝油15克，水淀粉、食用油各适量

◐ 做法：

1.锅中注入适量水烧开，加入少许盐、食用油，拌匀。
2.放入白菜叶，拌匀，用大火煮至变软。
3.捞出白菜叶，沥干水分，待用。
4.取一盘，放入白菜叶，摆放好，备用。
5.锅置火上，倒入高汤。
6.放入香菇、海米，用大火煮沸。
7.加入料酒、盐、鸡粉、老抽、蚝油，拌匀。
8.倒入水淀粉，勾芡。
9.关火后盛出锅中的材料，置于白菜叶上即可。

香菇具有增强免疫力、化痰理气、健脾胃、益智安神等功效；白菜中的纤维素不但能起到润肠、促进排毒的作用，还能促进儿童对动物蛋白质的吸收。两者搭配食用，可以提高儿童胃肠道消化功能，增进食欲。

腰果炒空心菜

◐ 原料：空心菜100克，腰果70克，彩椒15克，蒜末少许

◐ 调料：盐2克，白糖、鸡粉、食粉各3克，水淀粉、食用油各适量

◐ 做法：

1.洗净的彩椒切片，改切成细丝。
2.开水锅中撒食粉，倒入洗净的腰果，拌匀，略煮一会儿，捞出。
3.另起锅注水烧开，放入空心菜，煮断生捞出。
4.热锅注油，烧至三成热，倒入腰果，小火炸约6分钟，至其散出香味，捞出，待用。
5.用油起锅，倒入蒜末，爆香。
6.倒入彩椒丝，炒匀，放入焯过水的空心菜。
7.转小火，加盐、白糖、鸡粉，用水淀粉勾芡。
8.关火后盛出菜肴，点缀上熟腰果即成。

空心菜中的粗纤维由纤维素、木质素和果胶等组成，其中果胶能使体内有毒物质加速排泄，木质素能杀菌消炎；空心菜中还富含维生素C和胡萝卜素，有助于增强儿童体质，辅助其防病抗病。此外，空心菜中的叶绿素，还可洁齿防龋、润泽皮肤。

凉拌芹菜叶

◐ 原料：芹菜叶100克，彩椒15克，白芝麻20克

◐ 调料：盐3克，鸡粉2克，陈醋10毫升，食用油少许

◐ 做法：

1.洗净的彩椒切粗丝。

2.炒锅置于火上，倒入备好的白芝麻，小火翻炒至其色泽微黄，盛出。

3.另起锅，注水烧开，加食用油、盐。

4.放入洗净的芹菜叶，焯熟后捞出，待用。

5.沸水锅中倒入切好的彩椒丝，煮至食材熟软后捞出，沥干水分。

6.将焯煮好的芹菜叶装入碗中，倒入彩椒丝，加盐、鸡粉、陈醋，搅拌至入味。

7.将拌好的食材盛入盘中，撒上白芝麻即成。

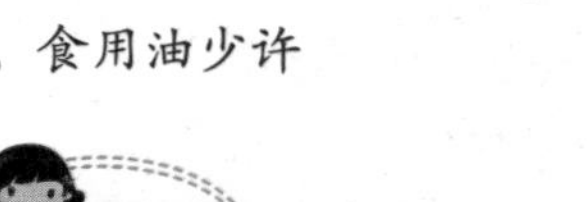

白芝麻含有脂肪、蛋白质、维生素、卵磷脂、钙、铁、镁等营养成分，对促进幼儿智力发育、辅助长高都十分有益；芹菜富含蛋白质、糖类、胡萝卜素、纤维素等，有润肠通便的功效。两者搭配，非常适合儿童食用。

推荐食谱

炝炒红菜薹

◐ 原料：红菜薹270克，蒜末、干辣椒各少许

◐ 调料：盐、鸡粉各2克，水淀粉、食用油各适量

◐ 做法：

1.清洗干净的红菜薹先切去根部，再切成长段，备用。
2.用油起锅，倒入蒜末、干辣椒，爆香。
3.倒入切好的红菜薹，快速翻炒均匀，至全部食材变软。
4.往锅中注入少许水。
5.加入盐、鸡粉，炒匀调味。
6.倒入适量水淀粉勾芡，翻炒均匀。
7.关火后盛出炒好的红菜薹，装入备好的碗中即可食用。

红菜薹营养丰富，含有胡萝卜素、B族维生素、维生素C、维生素E、钙、磷、铁等营养成分，具有开胃、护肤、增强免疫力等功效，而且红菜薹色泽艳丽，质地脆嫩，为儿童佐餐之佳品。

推荐食谱

葱油南瓜

◐ 原料：南瓜350克，红葱头35克，葱花少许

◐ 调料：盐、鸡粉各2克，食用油适量

◐ 做法：

1.洗净的红葱头切薄片，去皮的南瓜切丁。

2.用油起锅，放红葱头，中火煎至散出香味，盛出部分葱油，备用。

3.锅底留油烧热，倒入南瓜丁，翻炒匀，加盐、鸡粉，炒匀调味。

4.再注入适量水，略微翻炒几下。

5.用小火焖煮约3分钟，至食材熟透。

6.用大火收汁，撒上少许葱花，淋入葱油，炒匀、炒香。

7.关火后盛出焖煮好的菜肴，放在盘中即成。

南瓜含有糖类、蛋白质、胡萝卜素、B族维生素、维生素C和钙、磷等成分，具有健脾益胃的作用。此外，南瓜还含有锌，不仅能维持儿童良好的食欲，增强免疫细胞的功能，而且还有助于儿童智力发育。

果味冬瓜

◐原料：冬瓜600克，橙汁50毫升

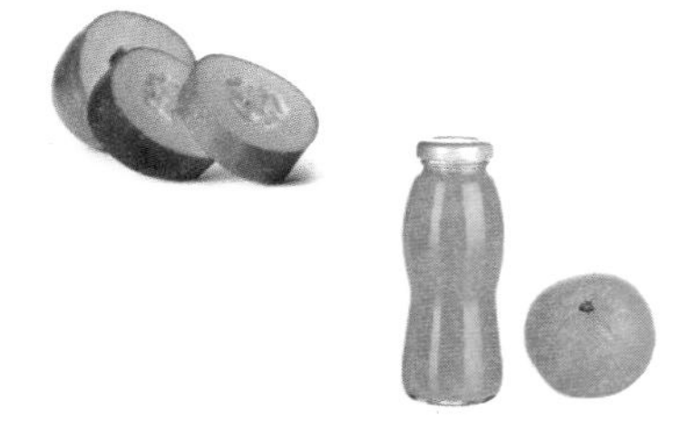

◐调料：蜂蜜15克

1.将去皮洗净的冬瓜去除瓜瓤，掏取果肉，制成冬瓜丸子，装入盘中待用。
2.锅中注入适量水，用大火烧开，倒入冬瓜丸子，搅拌均匀，中火煮约2分钟，至其断生，捞出，沥干水分。
3.吸干丸子表面的水分，放入碗中。
4.倒入备好的橙汁，淋入蜂蜜。
5.快速搅拌匀，静置约2小时，至其入味。
6.取一个干净的盘子，盛入制作好的菜肴，摆好盘即成。

冬瓜所含的膳食纤维高达0.8%，营养丰富且结构合理；其富含丙醇二酸，能有效控制体内的糖类转化为脂肪，防止体内脂肪堆积，并消耗多余的脂肪，可预防儿童肥胖；本品用橙汁、蜂蜜调味，味道酸甜可口，可增进儿童食欲。

糖醋西瓜翠衣

原料：西瓜皮300克，枸杞子、蒜末各少许

调料：盐2克，白糖4克，米醋4毫升，芝麻油2毫升

做法：

1.将清洗干净的西瓜皮先去除硬皮，然后再切成丝。
2.把切好的西瓜皮装入备好的碗中，放入蒜末。
3.加入盐、白糖，淋入米醋，搅拌均匀。
4.倒入芝麻油，拌匀调味。
5.将拌好的食材盛出，装入盘中。
6.最后，点缀上备好的枸杞子作为装饰，即可食用。

营养功效

西瓜翠衣含有瓜氨酸、甜菜碱、苹果酸等成分，其味甘、淡，性凉，归心、胃、膀胱经，具有清暑除烦、解渴利尿的作用，且能保持人体水分平衡。在酷热的夏日，搭配开胃消食的米醋同食，可增进儿童食欲。

西瓜翠衣拌胡萝卜

◐ 原料：西瓜皮200克，胡萝卜200克，熟白芝麻、蒜末各少许

◐ 调料：盐2克，白糖4克，陈醋8毫升，食用油适量

◐ 做法：

1.去皮的胡萝卜切丝，洗好的西瓜皮切成丝。
2.锅中注水烧开，倒食用油，放入胡萝卜，略煮片刻。
3.加入西瓜皮，煮半分钟，至其断生。
4.把焯好的胡萝卜和西瓜皮捞出，沥干水分。
5.将焯好的胡萝卜和西瓜皮放入碗中，加入适量蒜末。
6.加盐、白糖，淋入陈醋，用筷子拌匀调味。
7.将拌好的食材盛出，撒上少许白芝麻，装盘，即可食用。

西瓜翠衣能解暑清热、开胃生津，其含糖不多，适于各类人群食用；胡萝卜含有蛋白质、胡萝卜素、B族维生素、维生素C等营养成分，能清热解毒、益肝明目，且此道膳食色彩鲜艳，易增进儿童的食欲。

炝黄瓜条

◐ 原料：黄瓜200克，干辣椒、花椒各少许

◐ 调料：盐3克，鸡粉2克，凉拌醋8毫升，生抽4毫升，水淀粉10毫升，食用油适量

◐ 做法：

1.清洗干净的黄瓜切条，去籽，加盐，腌渍约10分钟。
2.锅中倒入食用油烧热，放入少许花椒，炒出香味。
3.再将花椒滤出，放入干辣椒，炒出香味。
4.倒入水，淋入凉拌醋，加生抽、盐、鸡粉。
5.放入黄瓜条，翻炒均匀，至食材入味。
6.倒入水淀粉，快速翻炒均匀。
7.关火后将炒好的黄瓜条盛入盘中，再浇上锅中余下的汤汁即可。

营养功效

黄瓜含蛋白质、糖类、维生素C、维生素E、胡萝卜素、钙、磷、铁等营养成分，尤其是含有的维生素B_1，对改善大脑和神经系统功能有利，具有很强的排毒作用，能把多余脂肪、盐分排出体外，并且黄瓜鲜嫩爽口，是儿童喜欢的蔬菜之一。

玉竹山药黄瓜汤

◐原料：黄瓜100克，山药120克，玉竹10克

◐做法：

1.洗净去皮的山药切开，改切成薄片。
2.把清洗好的黄瓜切开，去瓤，改切成薄片，备用。
3.砂锅中注入适量水烧开。
4.倒入玉竹、山药，拌匀。
5.盖上盖，烧开后用小火煮约15分钟。
6.揭盖，倒入黄瓜。
7.盖上盖，用中小火续煮约10分钟。
8.揭盖，轻轻搅拌几下；关火后盛出煮好的汤品，即可食用。

玉竹含有铃兰苷、山茶酚苷、槲皮醇苷、黏液质等成分，有养阴、润燥、除烦、止渴等功效；山药含糖蛋白、维生素C、胆碱、黏液素等，有补脾养胃、生津益肺之效，两者搭配黄瓜同食，可增进儿童食欲、提高儿童抗病能力。

推荐食谱

蓝莓南瓜

◐原料：蓝莓酱40克，南瓜400克

◐做法：

1.清洗干净的南瓜去除表皮，切上花刀，再切成厚片。

2.把切好的南瓜放入盘中，摆放整齐。

3.将蓝莓酱抹在南瓜片上。

4.蒸锅中加入适量水，上火烧开，把加工好的南瓜片放入蒸锅中。

5.盖上锅盖，用大火蒸5分钟左右，至全部食材熟透。

6.揭开锅盖，把蒸好的蓝莓南瓜取出，待稍微放凉后即可食用。

营养功效

南瓜含有丰富的胡萝卜素和维生素C，可以健脾养胃、防治夜盲症、驱虫解毒，其所含的维生素D有促进钙、磷吸收的作用，进而达到壮骨强筋之功，搭配可乳化机体中的脂肪和胆固醇的蓝莓同食，可促进儿童健康成长。

洋葱拌西红柿

◐原料：洋葱85克，西红柿70克

◐调料：白糖4克，白醋10毫升

◐做法：

1.清洗干净的洋葱先切成片，再切成丝，装入盘中，待用。

2.洗好的西红柿切成瓣，备用。

3.把切好的洋葱丝装入碗中，加入白糖、白醋。

4.充分搅拌均匀，至白糖全部溶化，腌渍20分钟左右。

5.碗中倒入切好的西红柿，搅拌均匀。

6.将拌好的洋葱、西红柿装入备好的盘中，即可食用。

西红柿富含胡萝卜素、维生素A、维生素C、维生素E、钙、磷、钾、镁、铁、锌、铜和碘等多种元素，还含有蛋白质、糖类、有机酸、纤维素等营养成分，具有增强免疫力、生津止渴、健胃消食等功效，适合儿童食用。

鸳鸯豆角

◐ 原料：豆角120克，酸豆角100克，肉末35克，剁椒酱15克，红椒20克，泡小米椒12克，蒜末、姜末、葱花各少许

◐ 调料：盐2克，鸡粉少许，料酒4毫升，水淀粉、食用油各适量

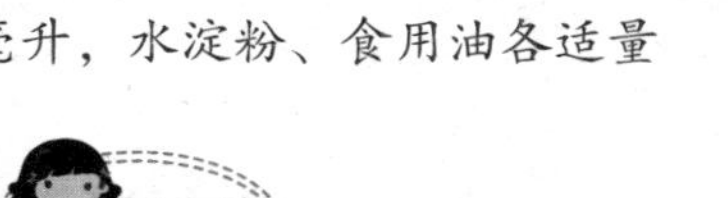

◐ 做法：

1.洗净的豆角、酸豆角切长段，泡小米椒切小段，红椒切条形。
2.锅中水烧开，倒入豆角段，煮至断生捞出。
3.沸水锅中倒入酸豆角，焯煮一小会儿，捞出。
4.用油起锅，倒入肉末，炒匀，至其转色。
5.倒入蒜末、姜末、葱花，炒香，放入泡小米椒，加剁椒酱，快速翻炒至食材散出香辣味。
6.加水，倒入焯过水的材料，撒上红椒条，翻炒匀，淋料酒，加盐、鸡粉，炒匀调味。
7.加水淀粉，用中火翻炒至食材熟透，盛出。

营养功效

豆角含有皂苷、血球凝集素、优质蛋白和不饱和脂肪酸，且矿物质和维生素含量也高于其他蔬菜，其化湿而不燥烈、健脾而不滞腻，为脾虚湿停常用之品，有调和脏腑、安养精神、益气健脾、消暑化湿的功效，适合儿童食用。

豆芽拌洋葱

◐ 原料：黄豆芽100克，洋葱90克，胡萝卜40克，蒜末、葱花各少许

◐ 调料：盐、鸡粉各2克，生抽4毫升，陈醋3毫升，辣椒油、芝麻油各适量

◐ 做法：

1.将洗净的洋葱切成丝。
2.去皮洗好的胡萝卜切片，改切成丝。
3.锅中注入适量水烧开，放入黄豆芽、胡萝卜，搅匀，煮1分钟，至其断生。
4.再放入洋葱，煮半分钟。
5.把焯煮好的食材捞出，装入碗中。
6.放入少许蒜末、葱花。
7.倒入生抽，加盐、鸡粉、陈醋、辣椒油。
8.再淋入芝麻油，拌匀。
9.将拌好的材料盛出，装入盘中即可。

黄豆芽有滋润清热、利尿解毒的功效，常食黄豆芽可以有效地预防维生素B_2缺乏症、减少体内乳酸堆积、改善神经衰弱、缓解疲劳。另外，其所含的维生素E能保护皮肤和毛细血管，是儿童的食疗佳品。

推荐食谱

西红柿土豆汤

◐原料：西红柿100克，土豆120克，葱花少许

◐调料：盐2克，鸡粉2克，番茄酱15克，芝麻油2毫升，胡椒粉、食用油各少许

◐做法：

1.将去皮的土豆切厚块，切成段，改切成片。
2.西红柿对半切开，去蒂，再切成小块。
3.锅中注入适量水烧开，加入食用油。
4.放入土豆片，再倒入切好的西红柿。
5.烧开后用中火煮3分钟，至食材八成熟。
6.挤入番茄酱，加入鸡粉、盐、胡椒粉。
7.再淋入芝麻油，搅拌匀，续煮一会儿，至汤汁入味。
8.关火后盛出煮好的汤料，装入汤碗中，撒上葱花即可。

营养功效

西红柿含有胡萝卜素、B族维生素、维生素C、苹果酸和柠檬酸等营养成分，有增进食欲、提高机体对蛋白质的消化吸收、减少胃胀食积等功效；搭配土豆烹制成汤品让儿童常食，可增加胃液酸度、健脾益气、清理肠道。

彩椒炒土豆片

◐ 原料：土豆130克，彩椒120克，蒜末少许

◐ 调料：盐3克，鸡粉少许，生抽6毫升，水淀粉、食用油各适量

◐ 做法：

1.洗净的彩椒切开，去籽，再切成小块。
2.洗净去皮的土豆切薄片。
3.锅中注水烧开，加食用油、盐，倒入土豆片、彩椒块。
4.搅拌匀，煮约1分钟，至食材断生后捞出。
5.用油起锅，放蒜末，爆香。
6.倒入焯煮过的土豆和彩椒，翻炒匀。
7.淋生抽，加盐、鸡粉，炒匀调味。
8.倒入水淀粉，中火翻炒至食材熟软。
9.关火后盛出炒好的食材，装入盘中即成。

营养功效

土豆含有丰富的维生素B_1、维生素B_2、维生素B_6和维生素B_5等B族维生素及大量的优质纤维素，还含有微量元素、蛋白质、脂肪和糖类等营养元素，儿童适当食用，能健脾和胃、益气调中、缓急止痛、通利大便，对促进消化、增进食欲有益。

荷兰豆炒彩椒

◐ 原料：荷兰豆180克，彩椒80克，姜片、蒜末、葱段各少许

◐ 调料：料酒3毫升，蚝油5克，盐、鸡粉各2克，水淀粉3毫升，食用油适量

◐ 做法：

1.洗净的彩椒切条，荷兰豆洗净，备用。
2.锅中注水烧开，加食用油、盐，倒入荷兰豆，搅匀，煮半分钟。
3.放入彩椒，搅拌匀，煮约半分钟。
4.把焯好的荷兰豆和彩椒捞出，待用。
5.用油起锅，放入姜片、蒜末、葱段，爆香。
6.倒入焯好的荷兰豆和彩椒，翻炒匀。
7.淋入料酒、蚝油，加盐、鸡粉，炒匀调味。
8.淋入水淀粉，炒匀。
9.盛出炒好的菜肴，装入盘中即可。

荷兰豆质嫩、清脆、爽口，营养价值很高，含有人体所需的8种必需氨基酸及维生素C，不仅能抗维生素C缺乏症，还能阻断人体中亚硝胺的合成及外来致癌物的活化，提高免疫力。另外，荷兰豆还含有膳食纤维，能预防儿童肥胖。

糖醋菠萝藕丁

◐ 原料：莲藕100克，菠萝肉150克，豌豆30克，枸杞子、蒜末、葱花各少许

◐ 调料：盐2克，白糖6克，番茄酱25克，食用油适量

◐ 做法：

1.菠萝肉切丁，洗净去皮的莲藕切丁。
2.锅中注水烧开，加盐、食用油，倒入藕丁，汆煮半分钟。
3.倒入洗净的豌豆，加菠萝丁，煮至断生。
4.将焯好水的食材捞出，沥干水分，备用。
5.用油起锅，倒入蒜末，爆香。
6.倒入焯过水的食材，快速翻炒均匀。
7.加白糖、番茄酱，翻炒匀，至食材入味。
8.撒入枸杞子、葱花，翻炒片刻，炒出葱香味。
9.将炒好的食材盛出，装入盘中即可。

营养功效

菠萝中的菠萝朊酶能溶解阻塞于组织中的纤维蛋白和血凝块、改善局部的血液循环，同时菠萝中的蛋白酶可在胃中分解蛋白质，补充人体消化酶的不足，维持人体正常的消化功能，故此道膳食可改善儿童食欲不振等症状。

茭白炒荷兰豆

◐ 原料：茭白120克，水发木耳45克，彩椒50克，荷兰豆80克，蒜末、姜片、葱段各少许

◐ 调料：盐3克，鸡粉2克，蚝油5克，水淀粉5毫升，食用油适量

◐ 做法：

1.荷兰豆切成段，茭白切成片，彩椒、木耳切成小块。

2.锅中注水烧开，放盐、食用油，放入茭白、木耳，煮1分钟至其五成熟。

3.倒入彩椒、荷兰豆，拌匀，煮半分钟至断生。

4.把焯煮好的食材捞出，沥干水分，待用。

5.用油起锅，放蒜末、姜片、葱段，爆香，倒入焯好的食材，炒匀，加盐、鸡粉、蚝油调味，淋入水淀粉，快速翻炒匀。

6.关火后盛出炒好的食材，装入盘中即可。

营养功效

荷兰豆含有胡萝卜素、B族维生素等，对增强人体新陈代谢功能有重要作用；茭白主要含蛋白质、维生素B_1、维生素B_2等，有利尿祛湿、清热通便的功效，此道膳食营养价值较高，且味道鲜美，适合儿童常食。

红油莴笋丝

◐原料：莴笋230克，蒜末少许

◐调料：盐1克，鸡粉2克，辣椒油7毫升，食用油适量

◐做法：

1.将洗净去皮的莴笋用斜刀切薄片，改切成细丝，备用。
2.用油起锅，倒入蒜末，爆香。
3.放入莴笋丝，炒至断生。
4.加入盐，放入鸡粉，淋入辣椒油。
5.翻炒均匀至食材入味。
6.关火后盛出炒好的莴笋丝，装入备好的盘中即可食用。

营养功效

莴笋含有胡萝卜素、维生素B_2、纤维素、钙、磷、钾等营养成分，味道清新且略带苦味，可刺激消化酶分泌、增进食欲；其乳状浆液，可增强胃液、消化酶和胆汁的分泌，从而增强各消化器官的功能，非常适合儿童食用。

凉拌莴笋

◐ 原料：莴笋100克，胡萝卜90克，黄豆芽90克，蒜末少许

◐ 调料：盐3克，鸡粉少许，白糖2克，生抽4毫升，陈醋7毫升，芝麻油、食用油各适量

◐ 做法：

1.洗净去皮的胡萝卜、莴笋切丝。
2.锅中注水烧开，加盐、食用油。
3.倒入切好的胡萝卜丝、莴笋丝，搅拌均匀，煮约1分钟。
4.放入洗净的黄豆芽，搅拌几下，煮约半分钟，至食材熟透后捞出，沥干水分，待用。
5.将焯煮好的食材装入碗中，撒上蒜末。
6.加入盐、鸡粉、白糖，淋入生抽、陈醋、芝麻油。
7.搅拌至食材入味，盛出装盘即成。

莴笋含有大量植物纤维素，能促进肠壁蠕动、通利消化道、帮助大便排泄。另外，莴笋还含有非常丰富的氟元素，可促进牙齿和骨骼的生长、改善消化系统和肝脏的功能、刺激消化液的分泌、增进食欲，是儿童喜爱的下饭菜。

荷兰豆炒豆芽

◐ 原料：黄豆芽、荷兰豆各100克，胡萝卜90克，蒜末、葱段各少许

◐ 调料：盐3克，鸡粉2克，料酒10毫升，水淀粉、食用油各适量

◐ 做法：

1.洗净去皮的胡萝卜切成片。
2.锅中注水烧开，加入盐、食用油。
3.倒入切好的胡萝卜，放入洗净的荷兰豆、黄豆芽，搅拌均匀，煮半分钟。
4.将焯好的食材捞出，沥干水分，备用。
5.用油起锅，放入蒜末、葱段，爆香。
6.放入焯过水的食材，加入料酒、鸡粉、盐，翻炒炒匀。
7.倒入水淀粉，快速翻炒匀。
8.盛出炒好的食材，装入盘中即可。

营养功效

黄豆芽含有膳食纤维、B族维生素、维生素C等营养成分；荷兰豆含有一种其特有的植物凝集素、止权素等，这些物质对增强人体新陈代谢功能有重要作用。儿童常食此道菜肴能增进食欲、防治便秘。

橙香萝卜丝

◐ **原料**：白萝卜160克，浓缩橙汁50毫升

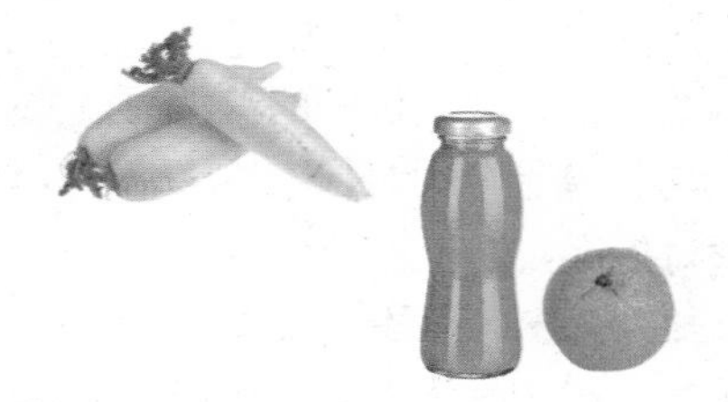

◐ **调料**：白糖3克，盐少许

◐ **做法**：

1.将洗净的白萝卜切成薄片，改切成细丝。
2.锅中注入适量水烧开，加入盐。
3.倒入萝卜丝，拌匀，煮半分钟至其断生。
4.捞出焯煮好的萝卜丝，沥干水分，备用。
5.把焯过水的萝卜丝放入备好的碗中，加入白糖。
6.倒入橙汁。
7.搅拌均匀，至白糖完全溶化。
8.取一个干净的盘子，把拌匀的萝卜丝盛入盘中即可。

白萝卜是一种常见的蔬菜，生食、熟食均可，其味略带辛辣，含有芥子油、淀粉酶和粗纤维等成分，具有促进消化、增强食欲、加快胃肠蠕动和止咳化痰的作用，搭配开胃的橙汁一同食用，能让厌食儿童爱上吃饭。

推荐食谱

桂花蜜糖蒸萝卜

◐ 原料：白萝卜180克，桂花15克，枸杞子少许

◐ 调料：蜂蜜25克

◐ 做法：

1.去皮洗净的白萝卜切厚片。
2.用梅花形模具制成萝卜花，用小刀在萝卜花中间挖出小圆孔。
3.洗净的桂花放在备好的小碟中，加蜂蜜制成糖桂花。
4.取蒸盘，放入备好的萝卜花，摆放整齐。
5.在萝卜花圆孔处盛入糖桂花，点缀上枸杞子。
6.蒸锅注水烧开，放入装有萝卜的蒸盘，中火蒸15分钟至熟透。
7.关火后取出蒸好的菜肴即可。

白萝卜含有蛋白质、维生素A、维生素C、叶酸、木质素、铁、锌、镁、铜等营养成分，具有保持皮肤白嫩、促进胃肠蠕动、帮助排毒等功效，搭配润肠通便的蜂蜜以及香气柔和、味道可口的桂花调味，能增进儿童的食欲。

香嫩爽滑，菌豆蛋类

菌菇类食物的营养价值达到植物性食品的顶峰；豆类及其制品是人体蛋白质的重要来源，对维持人体生命活力有着不可取代的地位；蛋类中的氨基酸组成最接近人体组成模式，其蛋白质几乎全部能被人体吸收利用。所以，菌、豆、蛋类食物是儿童最天然的营养品。

选择技巧

1.菌菇类。食用菌菇的选择首先要看颜色，正常的菌菇类食材，表面会稍微带点黄色，损伤处的黄色更明显。摸，菌菇类摸起来有干涩感，且较粗糙、干燥。闻，菌菇类各自都有着独特的清香味，若有发酸、发臭、霉味等不正常气味，说明已不新鲜。

2.豆类。豆类选择首先看外观，优质豆子颗粒饱满，颜色艳丽有光泽，味清香、无霉臭味。豆制品保质期短，在超市购买时，要看包装上面注明的保存温度及期限；储存温度应适当，且生产日期越近越好。

3.蛋类。听声音是选购蛋类基本的方法，变质了的鸡蛋，蛋黄与蛋清混在一起，气室不存在，用手拿着蛋轻轻在耳边晃动，就可以听到蛋内部液体晃动的声响。

制作秘籍

1.菌菇类食物具有酸甜苦辣咸之外的第六味——鲜味，所以在烹制的时候，不要再添加味精、鸡精等提鲜调料，以免破坏其本身的鲜味。

2.豆子非常不易煮烂，因而可以先用水将豆子浸泡一个晚上，然后用文火慢煮1～2小时，并且在煮的过程中，不断加水，让水始终保持盖过豆子1厘米左右。

3.制作鸡蛋羹的时候，可先在碗内抹些熟油，然后将鸡蛋打入碗内、调匀，加水、盐，蒸出来的鸡蛋就不会粘碗了。

妈妈课堂

1.通常来说，食物越新鲜越好，但有时也有例外，如鲜木耳中含有一种卟啉类光感物质，人食用后经太阳照射可引起皮肤瘙痒、水肿等，故木耳不宜鲜食。

2.豆浆中的皂苷，如果未熟透就进入胃肠道，会刺激胃肠黏膜，引起呕吐、腹泻、厌食、乏力等中毒症状，所以豆浆应该充分煮透后食用。

3.鸡蛋不可以与味精一起食用，相信很多妈妈都已经知晓。但是，鸡蛋与糖一起食用或吃鸡蛋后吃糖也是不行的，这样会使鸡蛋蛋白质中的氨基酸形成果糖基赖氨酸的结合物，而这种物质不易被人体吸收，会对健康产生不良作用。

推荐食谱

花浪香菇

◐ 原料：豆腐85克，红椒、韭黄各20克，鲜香菇65克，肉末45克，姜末少许

◐ 调料：盐、鸡粉各2克，料酒4毫升，生粉、水淀粉、食用油各适量

◐ 做法：

1.洗净的红椒切小段，洗好的韭黄切长段。
2.豆腐洗净剁成泥状，香菇洗净切十字花刀。
3.开水锅中放香菇、盐，煮至断生后放入蒸盘。
4.香菇上撒生粉、豆腐泥、肉末，铺开待用。
5.蒸锅注水烧开，放入蒸盘，中火蒸10分钟，至食材熟透；关火后取出蒸盘，待用。
6.用油起锅，撒姜末、红椒段，炒匀。
7.注入水，加盐、鸡粉、料酒，大火略煮。
8.放入韭黄段，加水淀粉勾芡，调成味汁。
9.关火后盛出味汁，浇在蒸盘中即可。

香菇含有香菇多糖、B族维生素、维生素D、腺嘌呤、粗纤维等营养成分，具有促进消化、增强免疫力等功效；豆腐为补益清热的养生食品，常食可补中益气、清热润燥、生津止渴、清洁肠胃，且此道膳食美观可口，是一道精美的儿童下饭菜。

香菇腐竹豆腐汤

◐ 原料：香菇块80克，腐竹段100克，豆腐块150克，葱花少许

◐ 调料：料酒8毫升，盐、鸡粉、胡椒粉各2克，食用油、芝麻油各适量

◐ 做法：

1.锅中油烧至六成热，倒入洗净切好的香菇、腐竹，翻炒均匀。

2.淋入料酒，炒匀。

3.锅中加适量水，煮约3分钟。

4.倒入洗净切好的豆腐，续煮约2分钟，至食材熟透。

5.加盐、鸡粉，淋芝麻油，加胡椒粉，拌匀调味。

6.盛出煮好的汤料，装入碗中，撒上备好的葱花即可。

腐竹含有较多的谷氨酸，而谷氨酸具有益智健脑的功效；豆腐除有增加营养、帮助消化、增进食欲的功能外，对牙齿、骨骼的生长发育也颇为有益，经常食用还可增加血液中铁的含量，故适合生长发育期的儿童食用。

推荐食谱

金针菇拌豆干

◐ 原料：金针菇85克，豆干165克，彩椒20克，蒜末少许

◐ 调料：盐、鸡粉各2克，芝麻油6毫升

◐ 做法：

1.洗净的金针菇切去根部。
2.洗好的彩椒切细丝，洗净的豆干切粗丝。
3.锅中水烧开，倒入豆干，略煮一会儿，捞出，沥干水分。
4.另起锅，注水烧开，倒入金针菇、彩椒，拌匀，煮至断生。
5.捞出材料，沥干水分，待用。
6.取大碗，倒入金针菇、彩椒、豆干，拌匀。
7.撒上蒜末，加盐、鸡粉、芝麻油，拌匀。
8.将拌好的菜肴装入盘中即成。

营养功效

金针菇含有胡萝卜素、B族维生素、维生素C、矿物质，还含有多种人体必需的氨基酸，其中赖氨酸和精氨酸含量尤其丰富，且含锌量比较高，对儿童的身高增长和智力发育有良好的作用，有“增智菇”之称。

鱼香金针菇

◐ **原料**：金针菇120克，胡萝卜150克，红椒、青椒各30克，姜片、蒜末、葱段各少许

◐ **调料**：盐、鸡粉各2克，豆瓣酱15克，白糖3克，陈醋10毫升，食用油适量

◐ **做法**：

1.洗净去皮的胡萝卜切丝，洗好的青椒、红椒切丝。

2.洗好的金针菇切去老茎，备用。

3.用油起锅，放入姜片、蒜末、葱段。

4.倒入胡萝卜丝，快速翻炒匀。

5.放入金针菇、青椒、红椒，翻炒均匀。

6.加入豆瓣酱、盐、鸡粉、白糖，翻炒均匀，调味。

7.淋陈醋，快速翻炒片刻，至食材入味。

8.关火后盛出炒好的食材，装入盘中即可。

营养功效

金针菇富含B族维生素、维生素C、糖类、矿物质等营养元素，能有效地增强机体的生物活性、加速体内新陈代谢、促进机体对食物中各种营养素的吸收和利用，对儿童的生长发育大有益处。

剁椒白玉菇

◐ 原料：白玉菇120克，剁椒40克

◐ 调料：鸡粉2克，白醋7毫升，芝麻油6毫升

◐ 做法：

1.洗好的白玉菇切去根部，备用。

2.锅中注入适量水烧开，倒入白玉菇，煮至断生。

3.捞出焯煮好的白玉菇，沥干水分，装入盘中，待用。

4.取一个大碗，倒入备好的白玉菇，放入剁椒。

5.加入鸡粉、白醋、芝麻油。

6.拌匀，至食材入味。

7.将拌好的食材盛入盘中即可。

白玉菇脆嫩鲜滑、清甜可口，是非常鲜美的佳肴，其蛋白质含量较一般蔬菜高，且必需氨基酸比例合适，还有大量多糖和各种维生素等人体必需物质，儿童经常食用能改善机体的新陈代谢、增进食欲。

红烧猴头菇

◐ 原料：大白菜200克，水发猴头菇、竹笋各80克，姜片、葱段各少许

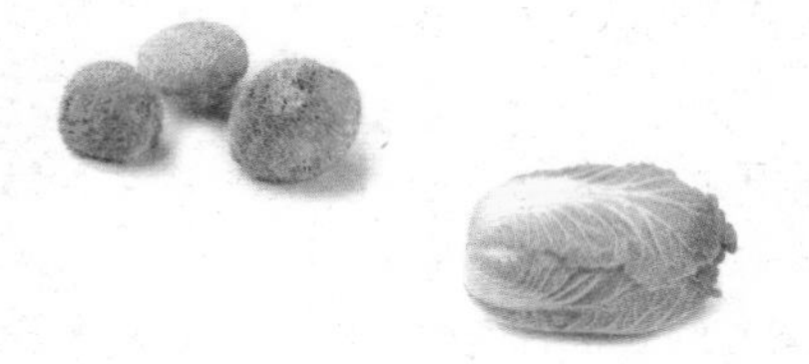

◐ 调料：盐、鸡粉各3克，蚝油8克，料酒10毫升，水淀粉5毫升，食用油适量

◐ 做法：

1.处理好的竹笋切成小块，清洗干净的猴头菇切成小块。
2.洗好的大白菜切成段，备用。
3.锅中注水烧开，加盐、鸡粉、料酒。
4.倒入竹笋、猴头菇、大白菜，焯熟后捞出。
5.用油起锅，放姜片、葱段，爆香。
6.倒入焯过水的食材，翻炒均匀。
7.加料酒、蚝油、鸡粉、盐，炒匀调味。
8.倒入少许水，淋水淀粉，快速翻炒均匀。
9.盛出炒好的食材，装入盘中即可。

猴头菇是鲜美无比的山珍，菌肉鲜嫩、香醇可口，有“素中荤”之称，是一种高蛋白、低脂肪、富含矿物质和维生素的优良食材，其含有的不饱和脂肪酸，能降低胆固醇和三酰甘油含量，调节血脂，肥胖儿童常食能预防多种心血管疾患。

红烧双菇

◐ 原料：鸡腿菇65克，鲜香菇45克，上海青70克，姜片、蒜末、葱段各少许

◐ 调料：盐、鸡粉各2克，料酒、生抽各3毫升，老抽2毫升，芝麻油、水淀粉、食用油各适量

◐ 做法：

1.洗净的鸡腿菇切片，香菇切段。
2.洗净的上海青切小瓣，备用。
3.锅中注水烧开，加盐、鸡粉、食用油。
4.倒入上海青，焯熟后捞出，待用。
5.沸水锅中倒入鸡腿菇、香菇，焯熟后捞出。
6.用油起锅，倒入姜片、蒜末、葱段，爆香。
7.放入鸡腿菇、香菇，淋料酒，加老抽、生抽、水、盐、鸡粉炒匀调味，用大火略煮。
8.淋水淀粉、芝麻油，拌炒至食材入味。
9.上海青摆入盘中，盛出锅中食材，摆好即可。

鸡腿菇含有蛋白质、维生素、纤维素、钾、钠、钙、镁、磷等营养成分，具有健脾养胃、清心安神、增强免疫力、促进消化、增进食欲等功效；香菇素有“山珍之王”之称，是高蛋白、低脂肪的营养保健食品。故此道膳食适合儿童长期食用。

酱焖杏鲍菇

◐ 原料：杏鲍菇90克，姜末、蒜末、葱段各少许

◐ 调料：盐3克，鸡粉4克，料酒5毫升，黄豆酱8克，老抽2毫升，水淀粉、食用油各适量

◐ 做法：

1.杏鲍菇切段，对半切开，改切成片。
2.锅中注水烧开，加盐、鸡粉。
3.倒入切好的杏鲍菇，淋入料酒，煮2分钟至熟，捞出。
4.用油起锅，放姜末、蒜末、葱段，爆香。
5.倒入杏鲍菇，拌炒匀，淋料酒，炒香。
6.放入黄豆酱，翻炒匀。
7.加水、盐、鸡粉、老抽，炒匀调味。
8.用大火收汁，倒入水淀粉，快速拌炒均匀。
9.将焖煮好的杏鲍菇盛出，装入盘中即可。

营养功效

杏鲍菇营养丰富，富含蛋白质、维生素、钙、镁、铜、锌等营养成分，儿童常食，有助于调节胃酸的分泌和促进食物的消化，可辅助治疗儿童饮食积滞症。另外，其所含的蛋白质是维持免疫功能最重要的营养素，为构成白细胞和抗体的组成物质。

平菇豆腐开胃汤

◐ 原料：平菇片200克，豆腐块180克，姜片、葱花各少许

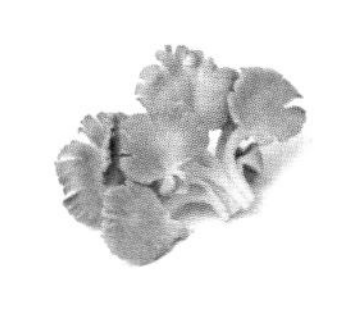

◐ 调料：盐、鸡粉各2克，料酒、食用油各少许

◐ 做法：

1.锅中油烧至六成热，放入备好的姜片，翻炒，爆香。
2.倒入洗净切好的平菇，翻炒均匀。
3.淋入料酒，加入适量清水。
4.盖上盖，煮约2分钟至沸腾。
5.揭开盖，倒入切好的豆腐，拌匀。
6.再盖上盖，续煮约5分钟至食材熟透。
7.揭开盖，加入盐、鸡粉，拌匀调味。
8.盛出煮好的开胃汤，装入碗中，撒上少许葱花即可食用。

营养功效

平菇含有的多种维生素及矿物质具有改善人体新陈代谢、增强体质、调节植物神经系统功能等作用；豆腐含有蛋白质、维生素B_1、维生素B_6及铁、镁、钾、钙、锌、磷等营养成分，有补中益气、清热润燥之功效；两者搭配食用，是儿童开胃的佳品。

鲜菇烩鸽蛋

◐ 原料：熟鸽蛋100克，鲜香菇75克，口蘑70克，姜片、葱段各少许

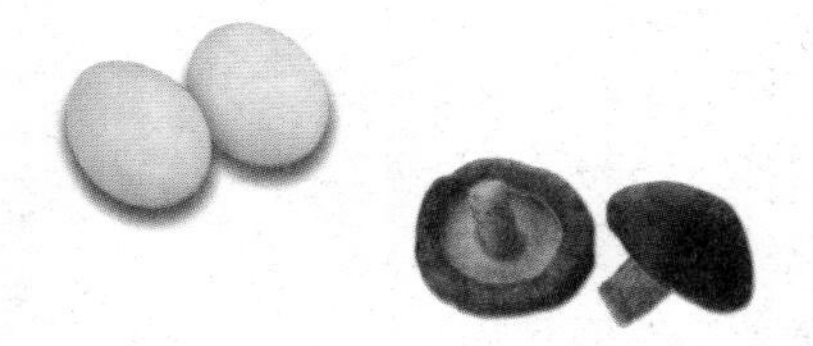

◐ 调料：盐3克，鸡粉2克，蚝油7克，料酒8毫升，水淀粉、食用油各适量

◐ 做法：

1.洗净的口蘑、香菇切小块。
2.锅中注水烧开，放入盐、食用油。
3.倒入口蘑、香菇，拌匀，焯熟后捞出。
4.用油起锅，放入姜片、葱段，爆香。
5.倒入口蘑、香菇，略炒，至其析出汁水。
6.放入熟鸽蛋，淋料酒、蚝油，加盐、鸡粉，注入适量水，煮至食材入味。
7.待汤汁收浓，倒入备好的水淀粉，快速翻炒至食材熟透。
8.关火后盛出锅中的食材，装入盘中即成。

营养功效

鸽蛋除含有大量优质蛋白外，还含有糖分、磷脂、铁、钙、维生素A、维生素B_1、维生素D等营养成分，有改善皮肤细胞活力、增强皮肤弹性等功效；口蘑可以促进机体免疫系统发挥作用，提高自然防御细胞的活动能力，增强儿童抗病能力。

推荐食谱

素烧豆腐

◐原料：豆腐100克，西红柿60克，青豆55克

◐调料：盐3克，生抽3毫升，老抽2毫升，水淀粉、食用油各适量

◐做法：

1.把洗净的豆腐切小方块，青豆洗净，备用。
2.洗净的西红柿切片，再切成小丁块。
3.锅中注水烧开，加入盐，放入青豆，焯熟后，捞出；沸水锅中倒入豆腐块，焯熟后，捞出，待用。
4.用油起锅，倒入西红柿丁、青豆，翻炒匀。
5.注入少许水，加盐、生抽，倒入豆腐块。
6.拌匀，用中火煮至汤汁沸腾。
7.淋老抽，转大火收浓汁水，加水淀粉勾芡。
8.关火后盛出炒制好的菜肴即成。

营养功效

豆腐营养丰富，含有铁、磷、镁和丰富的优质蛋白，素有“植物肉”之美称。同时，豆腐的钙含量也颇为丰富，儿童长期食用豆腐，可以补充生长发育所需的钙元素，有强壮筋骨的作用，对促进儿童生长发育有益。

三鲜豆腐脑

原料：虾仁35克，鸡胸肉50克，鲜香菇30克，豆腐脑180克，高汤180毫升

调料：盐少许，料酒、水淀粉、食用油各适量

做法：

1.将鸡胸肉剁成肉末，洗好的香菇切粒。
2.用牙签挑去虾仁的虾线，把虾仁切剁成末。
3.用油起锅，倒入香菇，炒香。
4.下入虾仁，拌炒匀。
5.倒入切好的鸡肉，搅散，炒至转色，淋料酒，炒香。
6.注入高汤，加盐，拌匀调味。
7.倒入水淀粉，搅拌均匀。
8.放入豆腐脑，拌匀煮沸。
9.将煮好的豆腐脑盛出，装入碗中即成。

营养功效

豆腐不仅含有人体必需的8种氨基酸，还含有脂肪、维生素和矿物质等，除有增加营养、帮助消化、增进食欲的功能外，对牙齿、骨骼的生长发育也颇为有益，且不含胆固醇，儿童可经常食用。

莲藕海藻红豆汤

◐ 原料：莲藕150克，海藻80克，水发红豆100克，红枣20克

◐ 调料：盐、鸡粉各2克，胡椒粉少许

◐ 做法：

1.洗净去皮的莲藕切块，改切成丁，备用。
2.砂锅中注水烧开，放入洗净的红枣、红豆。
3.倒入切好的莲藕，加入清洗干净的海藻，搅拌匀。
4.盖上盖，烧开后用小火煮约40分钟，至食材熟透。
5.揭开盖子，放入盐、鸡粉、胡椒粉。
6.用勺拌匀调味。
7.关火后盛出煮好的汤料，装入备好的汤碗中即可食用。

莲藕微甜而脆，可生食也可熟食，是常用蔬菜之一；海藻含有蛋白质、钙、铁、藻胶等营养成分，具有清热消滞、软坚化痰、化湿去腻的功效。常食此道膳食，还可促进儿童新陈代谢、调节血液的浓稠度。

西红柿红豆汤

◐原料：西红柿50克，紫薯60克，胡萝卜80克，洋葱60克，西芹40克，熟红腰豆180克

◐调料：盐、鸡粉各2克，食用油适量

◐做法：

1.将洗净的西红柿、西芹切丁。
2.洗好的洋葱、胡萝卜、紫薯切粒。
3.用油起锅，倒入洋葱，炒香。
4.倒入切好的紫薯、西芹、西红柿、胡萝卜，拌炒匀。
5.倒入熟红腰豆，炒匀。
6.倒入适量水，搅拌匀。
7.加盐、鸡粉，拌匀调味，中火煮10分钟至食材熟透；用锅勺搅拌均匀，将锅中汤料盛入碗中即可。

营养功效

西芹含有芳香油、多种维生素、多种游离氨基酸等营养物质，有增进食欲、健脑、清肠利便、解毒消肿、促进血液循环等功效；紫薯营养丰富，其中的蛋白质、氨基酸都极易被人体消化吸收，两者搭配，适合生长发育期的儿童食用。

鸡蛋羹

◐原料：鸡蛋3个

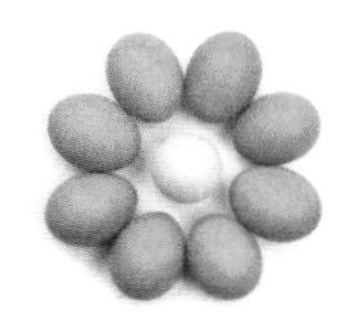

◐调料：盐2克，鸡粉少许

◐做法：

1.取一个蒸碗，打入鸡蛋。
2.搅散，注入适量水，边倒边搅拌。
3.再加入盐、鸡粉，搅拌均匀，调成蛋液，待用。
4.蒸锅注水烧开，放入蒸碗。
5.盖上锅盖，用中火蒸约10分钟，至食材完全熟透。
6.关火后揭盖，待热气散开。
7.取出已经蒸好的鸡蛋羹，待其冷却，即可食用。

鸡蛋中氨基酸比例适合人体生理需要，易为机体吸收，利用率高达98%以上，营养价值很高；其含有蛋白质、卵磷脂、卵黄素、胆碱等营养成分，还可提高记忆力、健脑益智、保护肝脏、促进钙吸收，故适合儿童食用。

红油拌杂菌

◐ 原料：白玉菇50克，鲜香菇35克，杏鲍菇55克，平菇30克，蒜末、葱花各少许

◐ 调料：盐、鸡粉各2克，胡椒粉少许，料酒3毫升，生抽4毫升，辣椒油、花椒油各适量

◐ 做法：

1.将香菇切块，洗好的杏鲍菇切成条形。
2.锅中注水烧开，倒入切好的杏鲍菇，拌匀。
3.用大火煮约1分钟，放入香菇块，拌匀，淋入料酒。
4.倒入平菇、白玉菇，拌匀，煮至断生。
5.关火后捞出材料，沥干水分，待用。
6.取碗，倒入焯熟的食材，加盐、生抽、鸡粉、胡椒粉，撒蒜末，淋辣椒油、花椒油。
7.再放入葱花，搅拌均匀至食材入味。
8.将拌好的菜肴装入盘中即成。

白玉菇的有效成分可增强T淋巴细胞功能，从而提高机体抵御各种疾病的能力。杏鲍菇中所含的蛋白质是维持免疫功能最重要的营养素；同时，杏鲍菇还有助于胃酸的分泌和食物的消化，可辅助治疗儿童饮食积滞症。

推荐食谱

美味蛋皮卷

◐ 原料：冷米饭110克，鸡蛋50克，西红柿20克，胡萝卜45克，洋葱少许

◐ 调料：盐、鸡粉各1克，芝麻油、食用油各适量

◐ 做法：

1.洋葱、胡萝卜切粒，西红柿切小丁块。
2.鸡蛋打散调匀，制成蛋液。
3.煎锅上火烧热，倒入蛋液，中火煎成蛋皮。
4.用油起锅，倒胡萝卜、洋葱、西红柿，炒匀，放入米饭，炒松散，加盐、鸡粉，炒匀调味，淋芝麻油，炒至入味。
5.关火后将食材盛入碗中，即成馅料。
6.取蛋皮，放上炒好的馅料，压紧。
7.再将蛋皮卷起，制成蛋卷；把蛋卷切成小段，摆放在盘中即可。

营养功效

鸡蛋含有蛋白质、卵黄素、卵磷脂、维生素和铁、钙、钾等营养成分，具有益智健脑、保护肝脏等功效；胡萝卜中含有的胡萝卜素进入人体后，转化为丰富的维生素A，易被身体吸收利用。此道膳食可增进儿童食欲，能为儿童的生长发育保驾护航。

推荐食谱

凉拌木耳

◐ 原料：水发木耳120克，胡萝卜45克，香菜15克

◐ 调料：盐、鸡粉各2克，生抽5毫升，辣椒油7毫升

◐ 做法：

1.将洗净的香菜切长段。
2.去皮的胡萝卜切薄片，改切细丝，备用。
3.锅中注水烧开，放入洗净的木耳，拌匀。
4.煮约2分钟，至其熟透后捞出，沥干水分，待用。
5.取一个大碗，放入焯好的木耳。
6.倒入胡萝卜丝、香菜段，加盐、鸡粉。
7.淋入生抽，倒入辣椒油。
8.快速搅拌一会儿，至食材入味。
9.将拌好的菜肴盛入盘中即成。

营养功效

木耳营养丰富，含有蛋白质、B族维生素、多糖、钙、磷、铁等营养成分，其味道鲜美，可素可荤，不仅能益气强身、补血活血，还可防治小儿缺铁性贫血、润滑肠道，长期食用，可预防儿童便秘。

竹荪银耳甜汤

◐ 原料：水发竹荪50克，水发银耳100克，枸杞子10克

◐ 调料：冰糖40克

◐ 做法：

1.洗好的银耳切去黄色根部，再切成小块。
2.洗净的竹荪切成小段。
3.砂锅中倒入适量水烧开，放入切好的竹荪、银耳。
4.再加入冰糖，拌匀，煮至溶化。
5.放入洗净的枸杞子，拌匀。
6.转小火煮10分钟，至食材熟透。
7.再略煮片刻，搅至味道均匀。
8.关火后盛出煮好的甜汤，装入备好的碗中，即可食用。

营养功效

竹荪的有效成分可补充人体必需的营养物质，提高儿童机体的免疫力。此外，竹荪还能保护肝脏、减少腹壁脂肪的积存，有“刮油”的作用。银耳滋润而不腻滞，具有补脾开胃、益气清肠、安眠健胃的作用，是一味滋补良药。此汤适合儿童食用。

蘑菇浓汤

◐原料：口蘑65克，奶酪20克，黄油10克，面粉12克，鲜奶油55克

◐调料：盐、鸡粉、鸡汁各少许，芝麻油、食用油各适量

◐做法：

1.洗净的口蘑去蒂，切成小丁块。
2.锅中注水烧开，加盐、鸡粉，倒入切好的口蘑，焯熟后捞出，待用。
3.炒锅注油烧热，倒入黄油，煮至溶化。
4.放面粉，加适量水，拌匀。
5.倒入口蘑，加鸡汁，拌匀，煮至沸腾。
6.放入奶酪，拌匀，煮至溶化。
7.加盐调味，倒入鲜奶油，煮至黏稠状。
8.淋入芝麻油，拌匀。
9.关火后盛出煮好的食材，装入碗中即可。

营养功效

口蘑能够防止过氧化物损害机体，治疗因缺硒引起的血压上升和血黏稠度增加，调节甲状腺功能；其含有的多种抗病毒成分能够提高儿童免疫力。口蘑属于低热量食品，且含有大量膳食纤维，不仅可以防治小儿便秘、促进排毒，而且还可预防儿童肥胖。

肉末蒸鹅蛋羹

◐原料：鹅蛋1个，猪肉末120克，高汤适量，葱花少许

◐调料：盐、鸡粉、胡椒粉各1克，料酒4毫升，生抽2毫升，芝麻油、生粉、食用油各适量

◐做法：

1.用油起锅，倒入肉末，炒至变色。
2.加入料酒、生抽，炒匀。
3.关火后盛入盘中，制成肉馅，待用。
4.鹅蛋打散，加盐、鸡粉、胡椒粉，淋芝麻油，倒入高汤，撒生粉，拌匀，待用。
5.取一个蒸碗，倒入拌好的蛋液。
6.蒸锅注水烧开，放入蒸碗，中火蒸6分钟，放入肉馅，铺开，用中火蒸4分钟至熟。
7.取出蒸碗，淋入芝麻油，撒上备好的葱花即可。

鹅蛋含有的磷脂中约一半是卵磷脂，这些成分对儿童的大脑及神经组织的发育有重要作用。另外，鹅蛋含有卵白蛋白和卵黄磷蛋白，属完全蛋白质，易被儿童机体消化吸收，可为人体提供多种必需氨基酸。

腐竹青豆烧魔芋

◐原料：水发腐竹150克，魔芋结200克，青豆180克，葱段、姜片、蒜末各少许

◐调料：盐3克，鸡粉2克，生抽5毫升，水淀粉、食用油各适量

◐做法：

1.将洗净的腐竹切段。
2.锅中注水烧开，放入盐、食用油。
3.倒入洗净的青豆、魔芋结，拌煮至其六成熟，捞出，待用。
4.用油起锅，放入姜片、蒜末、葱段，爆香。
5.倒入焯过水的青豆和魔芋结，炒匀炒香。
6.放入切好的腐竹，注入水，加盐、鸡粉、生抽调味，用中火煮至食材熟透。
7.转大火收汁，倒入水淀粉，炒至食材入味。
8.关火后盛出烧制好的食材，装入盘中即可。

营养功效

魔芋是一种对人体有益的碱性食品，不仅含有糖类、蛋白质、维生素和钾、磷、硒等营养物质，还含有人体所需的魔芋多糖，有调节血脂、血压、血糖，散毒、通脉、减肥、通便、开胃等功效，适合食欲不佳的儿童食用。

香菜炒豆腐

◐ 原料：香菜100克，豆腐300克，蒜末、葱段各少许

◐ 调料：盐3克，鸡粉2克，生抽5毫升，水淀粉8毫升，食用油适量

◐ 做法：

1.将洗净的香菜切成段。
2.洗好的豆腐切条，改切成小方块。
3.锅中注水烧开，加盐、豆腐块，煮1分钟。
4.把焯煮好的豆腐捞出，沥干水分，备用。
5.用油起锅，放入蒜末、葱段，爆香。
6.倒入焯过水的豆腐，注入少许水，加入适量生抽、盐、鸡粉，炒匀。
7.放入切好的香菜，拌炒均匀，倒入水淀粉勾芡。
8.关火后盛出炒好的食材即成。

豆腐营养价值较高，含有人体必需的8种氨基酸，脂肪的78%是不饱和脂肪酸且不含胆固醇，有“植物肉”之美称；豆腐在人体的消化吸收率达95%以上，有补中益气、清热润燥、生津止渴、清洁肠胃等功效，适合儿童长期食用。

素蒸三鲜豆腐

◐ 原料：豆腐300克，榨菜35克，鸡蛋2个，面包糠15克，胡萝卜少许

◐ 调料：盐1克，鸡粉2克，胡椒粉、食用油各适量

◐ 做法：

1.洗好的胡萝卜、榨菜切碎。
2.洗净的豆腐压成泥，待用。
3.取大碗，倒入豆腐泥、胡萝卜、榨菜，拌匀，打入鸡蛋，打散调匀，加盐、鸡粉。
4.倒入面包糠，撒胡椒粉，加食用油。
5.加入少许水，搅拌匀，待用。
6.取一个蒸碗，抹上食用油，倒入拌匀的食材，备用。
7.蒸锅注水烧开，放蒸碗，中火蒸15分钟。
8.取出蒸碗，待稍微冷却后即可食用。

营养功效

豆腐营养极高，含铁、钙、锌、维生素B_1、维生素B_6等，对促进儿童骨骼发育有益；榨菜含有蛋白质、胡萝卜素、膳食纤维、矿物质等营养成分，两者搭配，可开胃健脾、增进食欲、缓解烦闷情绪，儿童可常食。

奶油豆腐

◐原料：奶油30克，豆腐200克，胡萝卜、葱花各少许

◐调料：盐少许，食用油适量

◐做法：

1.将洗净的胡萝卜切丝，再切成粒。
2.洗好的豆腐切成小块。
3.锅中注入适量水烧开，倒入豆腐，煮沸。
4.加入胡萝卜粒，煮1分30秒至其八成熟。
5.捞出焯煮好的豆腐和胡萝卜粒，沥干水分，装入盘中，备用。
6.另起锅，注油烧热，倒入豆腐和胡萝卜粒，加入奶油，将豆腐和奶油快速拌炒匀。
7.加盐，炒匀；用锅铲稍稍按压豆腐，使其散碎。
8.把食材盛出，装入碗中，撒上葱花即可。

营养功效

豆腐含有铁、钙、磷、镁等多种矿物质，其蛋白质含量高，易于消化，是幼儿的首选健康辅食。儿童常食豆腐，可清热润燥、生津止渴、清洁肠胃，热性体质的儿童更适宜食用，搭配富含胡萝卜素的胡萝卜同食，还可预防眼部疾患。

香菇炖竹荪

◐原料：鲜香菇70克，菜心100克，水发竹荪40克，高汤200毫升

◐调料：盐3克，食用油适量

◐做法：

1.洗好的竹荪切成段。
2.洗净的香菇切上十字花刀，备用。
3.锅中注水烧开，加入盐、食用油。
4.倒入洗净的菜心，焯熟后捞出，待用。
5.再倒入香菇、竹荪，焯熟后捞出，待用。
6.将高汤倒入锅中，煮至沸，加盐，搅拌匀。
7.把煮好的高汤倒入装有香菇和竹荪的碗中。
8.将碗放入烧开的蒸锅中，蒸30分钟至食材全部熟软。
9.揭开盖，取出蒸碗，放入焯好的菜心即可。

营养功效

香菇素有“山珍之王”之称，是高蛋白、低脂肪的营养保健食品；竹荪含有多种氨基酸、维生素、矿物质等营养成分，能保护肝脏，减少脂肪的积存。两者搭配食用，味道醇厚、香气宜人、营养丰富，是儿童下饭菜的经典搭配。

鱼香杏鲍菇

◐ 原料：杏鲍菇200克，红椒35克，姜片、蒜末、葱段各少许

◐ 调料：豆瓣酱4克，盐3克，鸡粉2克，生抽2毫升，料酒3毫升，陈醋5毫升，水淀粉、食用油各适量

◐ 做法：

1.将杏鲍菇切粗丝，洗好的红椒切细丝。
2.锅中注水烧开，加盐，倒入杏鲍菇，煮至食材断生后捞出，待用。
3.用油起锅，放入姜片、蒜末、葱段，爆香。
4.倒入红椒丝，放入杏鲍菇，翻炒匀。
5.淋入料酒，翻炒香，放入豆瓣酱。
6.倒入生抽，再加入盐、鸡粉，翻炒至食材熟透。
7.淋陈醋，翻炒至食材入味，用水淀粉勾芡。
8.关火后盛出炒好的菜，装在盘中即成。

营养功效

杏鲍菇含有蛋白质、糖类、维生素及钙、镁、铜、锌等营养物质，其蛋白质是维持免疫功能最重要的营养素，为构成白细胞和抗体的主要组成部分，其还能软化和保护血管，有助于胃酸的分泌和食物的消化，可用于治疗儿童饮食积滞症。

推荐食谱

燕窝松子菇

◐ 原料：鸡腿菇30克，黄瓜45克，秀珍菇50克，彩椒20克，水发燕窝、松子仁、蒜末各少许

◐ 调料：盐、鸡粉各2克，白糖5克，料酒、水淀粉、食用油各适量

◐ 做法：

1.洗好的鸡腿菇、黄瓜切细丝。
2.洗好的秀珍菇切开，洗净的彩椒切成粗丝。
3.洗好的燕窝切成小块。
4.锅中注水烧开，倒入鸡腿菇、秀珍菇、彩椒，淋料酒，焯熟后捞出，待用。
5.用油起锅，倒入蒜末，爆香。
6.放入焯过水的材料、黄瓜，快速炒匀。
7.加盐、鸡粉、白糖，倒入水淀粉勾芡。
8.放入燕窝、松子仁，炒约2分钟至其入味。
9.关火后盛出炒好的菜肴即可。

营养功效

鸡腿菇含有蛋白质、膳食纤维、糖类、钾、钠等营养成分，具有很高的营养价值，经常食用有助于增进食欲、促进消化、增强人体免疫力、健脾益胃、清心安神，其味道鲜美，口感极好，适合儿童长期食用。

糖醋杏鲍菇

◐ 原料：杏鲍菇200克，蒜末、葱花各少许

◐ 调料：盐3克，鸡粉4克，番茄酱20克，白醋5毫升，白糖10克，水淀粉8毫升，食用油适量

◐ 做法：

1.清洗干净的杏鲍菇切成段，对半切开，再切成条。
2.锅中倒入适量水烧开，加入盐、鸡粉，放入杏鲍菇，搅匀，焯煮2分钟。
3.捞出煮好的杏鲍菇，沥干水分，备用。
4.锅中注油烧热，放入蒜末，爆香，加水，放入杏鲍菇，翻炒片刻，煮至沸。
5.加番茄酱、白醋、白糖，炒至入味，倒入水淀粉，快速翻炒均匀。
6.关火后盛出炒好的杏鲍菇，撒上葱花即可。

杏鲍菇含有蛋白质、糖类、维生素及钙、镁、铜、锌等营养物质，其所含的蛋白质中含有多种人体所需的氨基酸，可以提高机体免疫力，并且具有降血脂、润肠胃及嫩肤等作用，搭配酸甜可口的番茄酱食用，能增进儿童食欲。

浓香四溢，禽畜类

禽畜类食物是餐桌上常见的食物之一，是动物性蛋白质的主要来源。同时，禽畜类食物也是脂肪的主要来源，是构成机体不可缺少的营养素。禽畜类食物有强筋健骨、补血益气、润五脏的作用，妈妈们要合理利用此类食物，为孩子的健康加分。

选择技巧

1.禽肉类。新鲜禽肉的表面微干而紧缩，或者微湿润，不黏手，指压后凹陷处能够立即恢复；其切口不整齐，切口周围组织有被血液浸润现象，呈鲜红色。辨别肉是否注水，可用手掌使劲挤压，有水流出，说明卖的是注水肉。此外，注水肉颜色较淡，呈灰红色或颜色偏黄。

2.畜肉类。畜类食物选购时首先要看，有光泽、无液体流出的为佳，病死畜肉切面光滑、呈暗色，且有不明液体流出；其次要摸，健康的猪肉有弹性，用手指按压后会立刻恢复原状；再次要闻气味，病死猪肉有血腥味、尿臊味、腐败味。

制作秘籍

1.牛肉不易炖烂，尤其是老牛肉更难炖烂，但是在炖煮的时候，在其中加一小撮用纱布包好的茶叶，牛肉能很快炖烂，且味道鲜美，孩子更易咀嚼、消化。

2.烹制肉类的时候，在切好的肉中加入适量干淀粉或者鸡蛋清，能够使肉质鲜嫩润滑。

3.烹制禽畜类肉食的时候，可以放入适量大蒜。肉中含有的维生素B_1和大蒜中的大蒜素结合，可提高维生素B_1在胃肠道的吸收率和在体内的利用率，促进血液循环，将各营养素运送到机体需要的部位，让儿童更加健康。

4.猪肉的最佳烹调法有炒、煮、蒸；牛、羊肉的最佳烹调法为炖，并且最好带汤一起食用，因为汤中溶解了大部分的维生素，只吃肉会损失大部分营养。

妈妈课堂

1.羊肉的膻味会影响孩子的食欲，妈妈们在煮羊肉的时候放入适量橘皮或绿豆，能够去除膻味。

2.整鸡、整鸭等禽类食物，在炖、蒸前可以先用刀平着把其胸脯拍塌，腿节拍断，这样做出来的鸡、鸭等能够顺利脱掉骨架，避免孩子被骨头刺伤。

3.妈妈们要尽量避免带孩子在外食用烧烤肉类食品。以烤牛羊肉串和烤鸡翅等为主的烧烤食品，由于肉类在高温下直接燃烧，被分解的脂肪滴于炭上，再与肉类蛋白质结合，产生“苯并芘”强致癌物，会危害孩子身体健康。

百合白果鸽子煲

◐原料：干百合30克，白果50克，鸽肉300克，姜片、葱段各少许

◐调料：盐、鸡粉各2克，料酒10毫升

◐做法：

1.处理洗净的鸽肉斩成小块。

2.锅中注水烧开，倒入鸽肉块，拌匀，煮至沸；将汆煮好的鸽肉捞出，沥干水分，待用。

3.砂锅中注入适量水烧开，放入洗净的干百合、白果，撒入姜片、葱段。

4.倒入汆过水的鸽肉，淋入料酒。

5.烧开后用小火炖1小时，至食材熟烂，放入盐、鸡粉，搅拌片刻，至食材入味。

6.将炖好的鸽子汤盛出，装入备好的碗中，即可食用。

营养功效

鸽肉有益气补血、清热解毒、生津止渴等功效；百合含有谷甾醇、豆甾醇、大黄素、蛋白质、糖类、秋水仙碱等成分，具有养阴润肺、清心安神等功效。此道膳食有利于儿童除胃热、清肠道、增进食欲。

推荐食谱

五彩鸽丝

◐ **原料**：鸽子肉700克，青椒20克，红椒10克，芹菜60克，去皮胡萝卜45克，去皮莴笋30克，冬笋40克，姜片少许

◐ **调料**：盐2克，鸡粉1克，料酒10毫升，水淀粉少许，食用油适量

◐ **做法**：

1.洗好的鸽子肉切条，装碗待用；洗净的青椒、红椒切成条状。

2.洗好的莴笋切丝，芹菜切段，洗好的冬笋、胡萝卜切成条。

3.鸽子肉里加盐、料酒、水淀粉，腌渍入味。

4.锅中注水烧开，倒入冬笋条、胡萝卜，汆煮至食材断生，捞出。

5.用油起锅，倒入鸽子肉，加姜片、料酒炒匀。

6.倒入其余食材，加料酒、盐、鸡粉，炒匀，用水淀粉勾芡，关火后盛出即可。

营养功效

鸽子肉含有蛋白质、维生素A、B族维生素、钙、铁、铜等营养物质，具有壮体补肾、健脑提神、提高记忆力、调节人体血糖、益气补血等功效，搭配莴笋、芹菜、胡萝卜同食，能促进人体对钙、铁的吸收，让儿童健康成长。

圆椒桂圆炒鸡丝

◐ 原料：鸡胸肉400克，胡萝卜100克，圆椒80克，桂圆肉40克，姜片、葱段各少许

◐ 调料：盐、鸡粉各3克，料酒10毫升，水淀粉16毫升，食用油适量

◐ 做法：

1.洗好的圆椒、胡萝卜、鸡胸肉切丝。
2.鸡肉装入碗中，加盐、鸡粉、水淀粉、食用油腌渍10分钟至入味。
3.锅中水烧开，加盐、食用油，倒入胡萝卜丝，焯熟后捞出，待用。
4.用油起锅，放姜片、葱段，爆香，倒入腌好的鸡肉丝，翻炒至变色，淋料酒，放圆椒丝、胡萝卜丝，翻炒匀，加鸡粉、盐，炒匀调味。
5.放桂圆肉，倒水淀粉，炒至食材入味。
6.关火后盛出炒好的菜肴，装入盘中即可。

桂圆具有补心脾、益气血、健脾胃、养肌肉等功效；鸡肉含有蛋白质、不饱和脂肪酸、维生素、钙、磷、铁、镁、钾、钠等营养成分，具有温中补脾、强身健骨、补肾益精、益气补血等功效。此道膳食适合营养不良、厌食的儿童食用。

菠萝蜜炒鸭片

◐ 原料：鸭肉270克，菠萝蜜120克，彩椒50克，姜片、蒜末、葱段各少许

◐ 调料：盐3克，鸡粉、白糖各2克，番茄酱5克，料酒10毫升，水淀粉3毫升，食用油适量

◐ 做法：

1.将菠萝蜜果肉、彩椒切小块，鸭肉切片。
2.将鸭肉装入碗中，放入盐、鸡粉、水淀粉、食用油，腌渍10分钟。
3.热锅注油，倒入鸭肉，滑油至变色，将鸭肉捞出，沥干油，备用。
4.锅底留油，倒入姜片、蒜末、葱段，爆香，倒入彩椒、菠萝蜜，快速翻炒均匀，倒入鸭肉，淋入料酒，炒匀提鲜。
5.加入盐、白糖、番茄酱，翻炒至食材入味。
6.关火后盛出炒好的菜肴，装入盘中即可。

鸭肉具有养胃滋阴、大补虚劳、利水消肿、止热痢、止咳化痰等作用；菠萝蜜清甜可口、香味浓郁，具有生津止渴、补中益气的功效。两者搭配食用，能预防小儿疾病，提高机体抵抗力，是儿童的最佳下饭菜。

滑炒鸭丝

◐ 原料：鸭肉160克，彩椒60克，香菜梗、姜末、蒜末、葱段各少许

◐ 调料：盐3克，鸡粉1克，生抽、料酒各4毫升，水淀粉、食用油各适量

◐ 做法：

1.洗净的彩椒切成条，香菜梗切段。
2.鸭肉切丝，加盐、鸡粉、水淀粉腌渍10分钟至入味。
3.用油起锅，下入蒜末、姜末、葱段，爆香。
4.放入鸭肉丝，加入料酒，炒香。
5.倒入生抽，炒匀，下入切好的彩椒，拌炒匀。
6.加入盐、鸡粉，炒匀调味，倒入水淀粉勾芡。
7.放入香菜段，炒匀；将炒好的菜盛出，装入盘中即可。

鸭肉的营养价值很高，蛋白质含量比畜肉高得多，而脂肪、糖类含量适中，其肉中的脂肪酸主要是不饱和脂肪酸以及低碳饱和脂肪酸，具有清虚劳之热、补血行水、养胃生津、清热健脾的功效，适合身体虚弱、营养不良的儿童食用。

推荐食谱

鹅肉烧冬瓜

◐ 原料：鹅肉400克，冬瓜300克，姜片、蒜末、葱段各少许

◐ 调料：盐、鸡粉各2克，水淀粉、料酒、生抽各10毫升，食用油适量

◐ 做法：

1.洗净去皮的冬瓜切成小块。
2.锅中注水烧开，倒入洗净的鹅肉，搅散，汆去血水；捞出汆好的鹅肉，沥干备用。
3.用油起锅，放入姜片、蒜末、葱段，爆香，倒入鹅肉，快速翻炒均匀。
4.淋料酒、生抽，加盐、鸡粉、水，炒匀，煮至沸，用小火焖20分钟，至食材熟软。
5.放入冬瓜块，小火焖10分钟，至食材软烂。
6.转大火收汁，倒入水淀粉，快速翻炒均匀。
7.关火后盛出炒好的菜肴，装入盘中即可。

鹅肉不仅脂肪含量低，而且品质好，不饱和脂肪酸的含量高，特别是亚麻酸含量超过其他肉类，对人体的健康有利；冬瓜具有润肺生津、化痰止渴、利尿消肿、降压降脂、清热祛暑、解毒排脓等功效。此道膳食质地柔软，容易被儿童消化吸收。

蜜瓜鸡球

◐原料：鸡腿2只，哈密瓜230克，彩椒30克，蒜末、葱段各少许

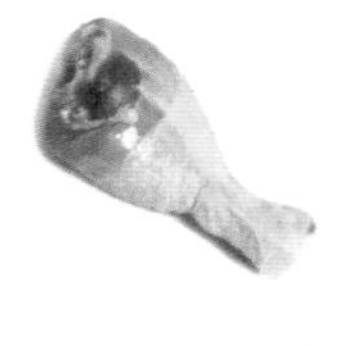

◐调料：盐2克，料酒8毫升，番茄汁60毫升，鸡粉5克，水淀粉10毫升，白糖、食用油各适量

◐做法：

1.洗净的彩椒切条，再切成小块；洗好的哈密瓜去皮，再切成小块。
2.鸡腿剔去骨头，切小块，装入碗中，加料酒、盐、鸡粉、水淀粉、食用油腌渍10分钟至入味。
3.锅中油烧至四成热，倒入鸡腿肉，炸至变色后捞出。
4.用油起锅，放入蒜末、葱段，爆香，倒入彩椒、鸡腿肉，加番茄汁、白糖、盐。
5.放入哈密瓜，翻炒至食材入味，倒入水淀粉，翻炒至汤汁浓稠，盛出装盘即可。

营养功效

哈密瓜含有蛋白质、膳食纤维、胡萝卜素、糖类、B族维生素、维生素C等，能增强人体造血功能，是贫血患儿的食疗佳品。常食哈密瓜还能改善身心疲倦、心神焦躁不安、口臭等症状，搭配肉质鲜美的鸡肉同食，还可增进儿童的食欲。

凉拌手撕鸡

◐ 原料：熟鸡胸肉160克，红椒、青椒各20克，葱花、姜末各少许

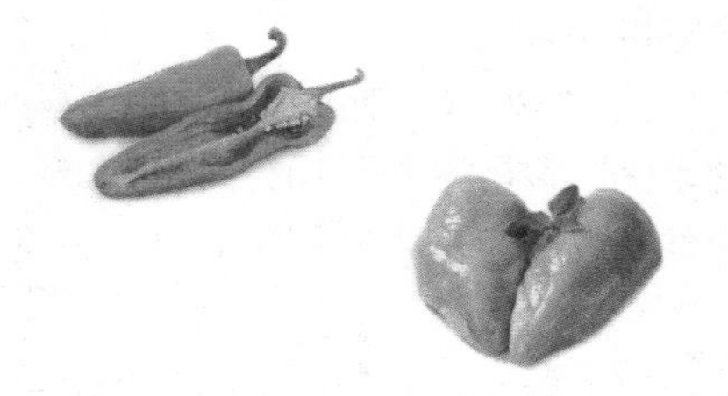

◐ 调料：盐、鸡粉各2克，生抽4毫升，芝麻油5毫升

◐ 做法：

1.清洗干净的红椒切开，去籽，再切细丝。
2.清洗干净的青椒切开，去籽，再切细丝。
3.把熟鸡胸肉撕成细丝，待用。
4.取一个干净的碗，倒入鸡肉丝、青椒、红椒、葱花、姜末。
5.加入盐、鸡粉、生抽、芝麻油。
6.搅拌均匀，至食材完全入味。
7.取一个干净的盘子，将拌好的食材装入备好的盘中即成。

营养功效

鸡肉含有蛋白质、脂肪、钙、磷、铁、镁、钾、钠以及维生素A、维生素B_1、维生素B_2、维生素C、维生素E等成分；其脂肪含量较少，且为高密度不饱和脂肪酸，具有增强免疫力、温中益气、健脾胃、活血脉、强筋骨等功效，儿童可长期食用。

推荐食谱

葱香拌兔丝

◐ 原料：兔肉300克，彩椒50克，葱条20克，蒜末少许

◐ 调料：盐、鸡粉各3克，生抽4毫升，陈醋8毫升，芝麻油少许

◐ 做法：

1.将洗净的彩椒切成丝。
2.洗好的葱条切小段。
3.锅中注入适量水烧开。
4.倒入洗净的兔肉，中火煮约5分钟，至食材完全熟透。
5.关火后捞出，沥干水分；放凉后切成肉丝。
6.把肉丝装入碗中，倒入彩椒丝，撒上蒜末。
7.加盐、鸡粉，淋生抽、陈醋、芝麻油，撒上葱段，搅拌至食材入味。
8.取一个盘子，盛入拌好的菜肴，摆盘即成。

兔肉营养价值较高，具有高蛋白、低脂肪、低胆固醇的特点，有解毒祛热的作用。此外，兔肉还含有卵磷脂和氨基酸，能保护血管壁，对肥胖儿童有一定的食疗作用。搭配彩椒、葱条、蒜末同食，可去腥且使肉质鲜嫩，儿童适量食用，有益于健康成长。

推荐食谱

红烧鹌鹑

◐ 原料：鹌鹑肉300克，豆干200克，胡萝卜90克，花菇、姜片、葱条、蒜头、香叶、八角各少许

◐ 调料：料酒、生抽各6毫升，盐、白糖各2克，老抽2毫升，水淀粉、食用油各适量

◐ 做法：

1.清洗干净的葱条切段，蒜头切小块，洗好去皮的胡萝卜切小块，花菇切小块，豆干切成三角块。

2.用油起锅，放入蒜头、姜片、葱条，倒入洗净的鹌鹑肉，炒至变色。

3.淋料酒、生抽，炒匀、炒香，倒入香叶、八角，加水、盐、白糖，淋入生抽。

4.倒入胡萝卜、花菇、豆干，翻炒均匀；大火烧开后用小火焖约15分钟，再转大火收汁。

5.倒水淀粉，拌匀，煮至汤汁浓稠；装盘即可。

营养功效

鹌鹑肉是高蛋白、低脂肪、多维生素的食物，含胆固醇也少，对肥胖儿童来说是理想的肉食品种；胡萝卜具有明目、降脂、强心、促进肾上腺素合成等功效。两者搭配食用，甘甜浓郁，营养丰富，是儿童理想的下饭菜。

金银花炖鹌鹑

◐ 原料：金银花10克，鹌鹑200克，姜片、葱段各少许

◐ 调料：料酒20毫升，盐3克，鸡粉2克

◐ 做法：

1.锅中注水烧开，放入处理干净的鹌鹑，淋入料酒，煮沸，汆去血水。

2.把煮好的鹌鹑捞出，沥干水分，备用。

3.将洗净的金银花塞入鹌鹑腹内；砂锅中注水，放入鹌鹑。

4.加入姜片、葱段，淋入料酒，烧开后用小火炖40分钟，至食材熟透。

5.加入盐、鸡粉，拌匀调味；把鹌鹑盛出，装入盘中，取出其腹内的金银花。

6.把鹌鹑装入碗中，盛入汤料即可。

鹌鹑肉是典型的高蛋白、低脂肪、低胆固醇食物，所含的磷脂是人体高级神经活动不可缺少的营养物质，具有健脑的作用；金银花性寒，味甘，气芳香，甘寒清热而不伤胃，芳香透达又可祛邪。两者搭配食用，能有效预防儿童脾胃病。

山药羊肉汤

◐ 原料：羊肉300克，山药块250克，葱段、姜片各少许

◐ 做法：

1.锅中注水烧开，倒入洗净的羊肉块，搅拌均匀，煮约2分钟。
2.关火后捞出氽煮好的羊肉；将羊肉过一下冷水，装盘备用。
3.锅中注入适量水烧开，倒入山药块、葱段、姜片、羊肉，搅拌均匀。
4.用大火烧开后转至小火炖煮约40分钟，捞出煮好的羊肉，装盘。
5.将煮好的羊肉切块，装入碗中，浇上锅中煮好的汤水即可。

山药含有糖类、蛋白质、B族维生素、维生素C、维生素E、葡萄糖等营养成分，有开胃消食、聪耳明目、补气养血等功效；羊肉肉质鲜嫩，营养价值高，不仅能促进血液循环，还能刺激胃液分泌，促进儿童消化吸收营养物质。

推荐食谱

彩椒牛肉丝

◐ 原料：牛肉200克，彩椒90克，青椒40克，姜片、蒜末、葱段各少许

◐ 调料：盐4克，鸡粉、白糖、食粉各3克，料酒、生抽、水淀粉各8毫升，食用油适量

◐ 做法：

1.洗净的彩椒、牛肉切条，青椒切丝；将牛肉装入碗中，加盐、鸡粉、生抽、食粉、水淀粉、食用油腌渍入味。

2.锅中注水烧开，加食用油、盐，倒入青椒、彩椒，炒熟后捞出，待用。

3.锅中油烧热，放入姜片、蒜末、葱段，倒入腌渍好的牛肉，淋料酒，翻炒匀，放入彩椒、青椒，翻炒匀。

4.加生抽、盐、鸡粉、白糖，炒匀调味。

5.倒入水淀粉，快速翻炒均匀。

6.关火后盛出炒好的菜肴，装入盘中即可。

营养功效

彩椒含有维生素A、B族维生素、维生素C、糖类、纤维素、钙、磷、铁等营养成分，具有促进新陈代谢、益气补血、缓解疲劳、温中下气、散寒除湿的功效，搭配暖胃益气的牛肉食用，可增进小儿食欲，预防营养不良。

凉拌牛百叶

◐ 原料：牛百叶350克，胡萝卜75克，花生碎55克，荷兰豆50克，蒜末20克

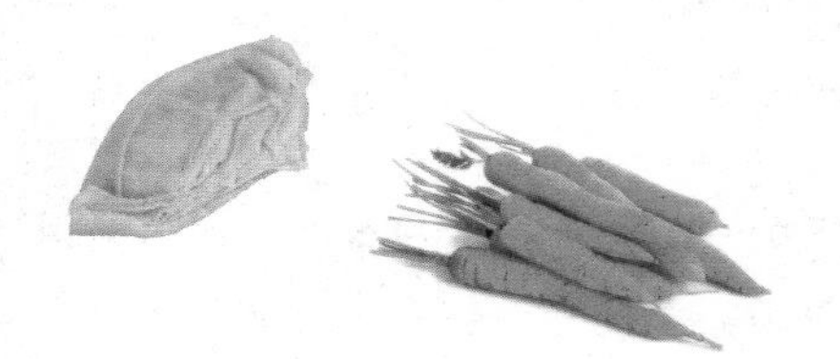

◐ 调料：盐、鸡粉各2克，白糖4克，生抽4毫升，芝麻油、食用油各少许

◐ 做法：

1.胡萝卜、荷兰豆切细丝，洗好的牛百叶切片；开水锅中倒入牛百叶，煮约1分钟，捞出。
2.沸水锅中加食用油，倒入胡萝卜、荷兰豆，焯至断生，捞出。
3.盘中盛入部分胡萝卜、荷兰豆垫底，待用；碗中倒入牛百叶，放入余下的胡萝卜、荷兰豆。
4.加盐、白糖、鸡粉，撒上蒜末，淋入生抽、芝麻油，拌匀。
5.加入花生碎，拌匀至其入味；将拌好的材料盛入盘中，摆好即可。

营养功效

牛百叶含有蛋白质、脂肪、维生素B_1、维生素B_2、维生素B_3、钙、磷、铁等营养成分，具有补益脾胃、补气养血、补虚益精等功效；胡萝卜富含蔗糖、葡萄糖、胡萝卜素以及钾、钙、磷等。此膳食能健胃消食，预防儿童消化不良。

牛肉炒冬瓜

◑原料：牛肉135克，冬瓜180克，姜片、蒜末、葱段各少许

◑调料：盐3克，鸡粉2克，料酒3毫升，生抽4毫升，水淀粉、食用油各适量

◑做法：

1.将洗净去皮的冬瓜切小片；洗净的牛肉切片，加生抽、鸡粉、盐、水淀粉、食用油腌渍入味。
2.热锅注油，烧至四成热，倒入牛肉片，搅匀，滑油至变色后捞出，沥干油，待用。
3.用油起锅，放姜片、蒜末、葱段，爆香，倒入冬瓜片，加水，炒至冬瓜熟软。
4.放入牛肉片，加料酒、生抽、盐、鸡粉炒匀调味，用水淀粉勾芡，翻炒至食材入味。
5.关火后盛出炒好的食材，放在盘中即成。

牛肉富含优质蛋白，且脂肪含量低，是小儿补虚的佳品。冬瓜含有钾、钠、钙、铁、锌、铜、磷等营养成分，其中钾含量明显高于钠含量，属于典型的高钾低钠型食物。此外，冬瓜还含有硒，可以促进糖类物质的运转，降低小儿肥胖的概率。

蒜汁肉片

◐ 原料：鸡胸肉300克，蒜末、葱花各少许

◐ 调料：盐、鸡粉各2克，水淀粉、陈醋各12毫升，生抽4毫升，芝麻油10毫升，食用油少许

◐ 做法：

1.洗净的鸡胸肉切薄片，装入碗中，加盐、鸡粉，淋入水淀粉，拌匀。
2.倒入食用油，搅拌匀，腌渍入味。
3.砂锅中注水烧开，倒入鸡肉片，煮约1分钟，至其熟软。
4.捞出汆煮好的鸡肉片，装盘。
5.将葱花、蒜末放入碗中，加盐、鸡粉。
6.加生抽、芝麻油、陈醋，拌匀，调成味汁。
7.将汆好的的鸡胸肉浇上味汁即可。

营养功效

鸡肉含有蛋白质、维生素、不饱和脂肪酸、磷、铁、铜、锌等营养成分，具有增强免疫力、强壮身体、健脾胃、活血脉等功效。鸡肉肉质细嫩、滋味鲜美，稍用蒜汁调味，能促进儿童分泌唾液，有利于食物的消化吸收。

茄汁鸡肉丸

◐原料：鸡胸肉200克，马蹄肉30克

◐调料：盐、鸡粉各2克，白糖5克，番茄酱35克，水淀粉、食用油各适量

◐做法：

1.洗好的马蹄肉剁成末，鸡胸肉切成丁。
2.取搅拌机，选择绞肉刀座组合，放入肉丁，选择“绞肉”功能，绞成颗粒状的肉末。
3.将肉末取出，放入备好的碗中，撒盐、鸡粉，淋水淀粉，倒入切好的马蹄肉，拌匀、搅散，使肉末起劲，制成肉丸。
4.锅中油烧至四成热，下入肉丸，炸至熟透，捞出。
5.油锅中放入番茄酱，撒上白糖，使糖分溶化。
6.倒入肉丸，炒匀，用水淀粉勾芡，盛出即成。

马蹄含有丰富的磷，能维持生理功能的需要，尤其对牙齿、骨骼的发育有很大好处，还可促进体内的糖、脂肪、蛋白质的代谢，调节机体酸碱平衡，搭配富含优质蛋白的鸡胸肉同食，对儿童的身体发育有益。

推荐食谱

可乐猪蹄

◐原料：可乐250毫升，猪蹄400克，红椒15克，葱段、姜片各少许

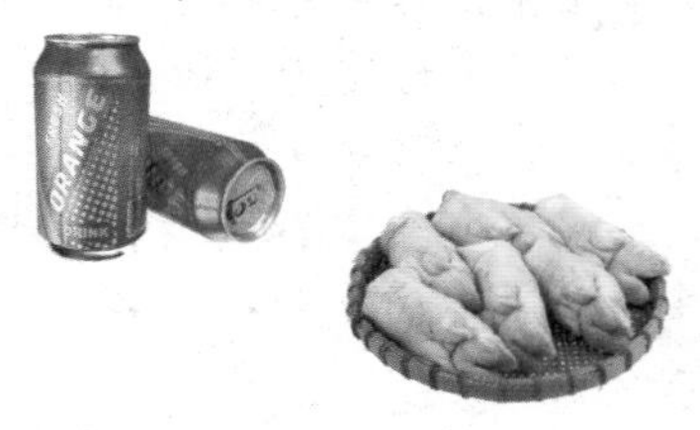

◐调料：盐3克，鸡粉、白糖各2克，料酒15毫升，生抽4毫升，水淀粉、食用油、芝麻油各少许

◐做法：

1.红椒对半切开，去籽，切片。
2.锅中注水烧开，倒入猪蹄，搅散开，淋入料酒，煮沸后氽去血水，捞出，装盘待用。
3.热锅注油，加入姜片、葱段，炒香，倒入猪蹄，炒匀，淋入生抽、料酒，提香。
4.加可乐、盐、白糖、鸡粉调味，焖20分钟至熟；夹出葱段、姜片，倒入红椒片，炒匀。
5.淋水淀粉，勾芡，加入芝麻油，炒出香味。
6.关火，把锅中食材盛入盘中，淋上味汁，即可食用。

营养功效

猪蹄含有脂肪、蛋白质、钠、钾、磷、钙及维生素A、维生素E等营养成分，且其含有丰富的胶原蛋白，脂肪含量也比肥肉低，能防治皮肤干瘪起皱、增强皮肤弹性和韧性，对保护皮肤、促进儿童生长发育具有特殊意义。

推荐食谱

橙香酱猪蹄

◐ 原料：猪蹄块350克，八角、桂皮、花椒、姜片、橙皮丝、大葱段、干辣椒各少许

◐ 调料：盐2克，鸡粉3克，冰糖25克，黄豆酱30克，料酒、生抽、老抽、食用油各适量

◐ 做法：

1.锅中注水烧开，倒入猪蹄块，汆煮片刻；关火后将汆煮好的猪蹄块捞出，沥干水分。
2.用油起锅，倒入八角、桂皮、花椒，爆香，放入姜片、大葱段、干辣椒，炒匀。
3.倒入冰糖、猪蹄块，加料酒、生抽，炒匀，注入适量水，倒入黄豆酱，加入盐、老抽。
4.大火烧开后转小火煮约60分钟至食材熟软。
5.倒入橙皮丝、鸡粉，炒匀，大火翻炒约2分钟至收汁。
6.关火后盛出炒好的菜肴，装入盘中即可。

猪蹄中含有钙、磷、镁、铁、维生素D、维生素E等有益成分，对经常性出现的四肢疲乏、腿部抽筋有治疗和缓解作用；橙皮含有益人体的橙皮苷、柠檬酸、维生素A和维生素C等。两者同食，具有消痰降气、和中开胃、宽膈健脾、促进生长发育等作用。

推荐食谱

青椒剔骨肉

◐ 原料：熟猪脊骨400克，圆椒70克，红椒50克，姜片、花椒、蒜末、葱段各少许

◐ 调料：盐、鸡粉各3克，料酒、生抽、番茄酱、食用油各适量

◐ 做法：

1.洗好的红椒切成圈，待用；洗净的圆椒切条，再切小块。

2.用刀剔取脊骨上的肉，备用。

3.用油起锅，放入葱段、姜片、蒜末、花椒，爆香。

4.倒入圆椒、红椒，快速炒匀，放入脊骨肉，淋入料酒。

5.再放入生抽、番茄酱，炒匀上色；加入盐、鸡粉，炒匀调味。

6.将炒好的菜肴盛出，装入盘中即可。

营养功效

猪肉含有蛋白质、维生素B_1、维生素B_2、磷、钙、铁等营养成分，有很高的营养价值，具有滋阴润燥、强筋壮骨、益精补血、补肝益肾、增强免疫力等功效，搭配含有辣椒素的圆椒、红椒一起食用，可增进儿童食欲。

红烧冰糖鸡翅

◐ 原料：鸡翅300克，姜片、蒜末、葱段各少许

◐ 调料：冰糖25克，老抽2毫升，料酒3毫升，生抽5毫升，食用油适量

◐ 做法：

1.煎锅置火上，倒入食用油，烧至四成热，倒入洗净的鸡翅，用中火煎出香味。
2.再翻转鸡翅，用小火煎约1分钟，至两面断生，撒上姜片、蒜末、葱段，炒出香味，倒入冰糖，炒匀。
3.淋入料酒，翻炒至糖分溶化。
4.加老抽、生抽，炒匀，注入适量水，搅拌均匀。
5.用中火煮约5分钟，至鸡翅熟透。
6.关火后盛出煮好的鸡翅，装入盘中即可。

鸡翅含有蛋白质、维生素A、钙、铁、磷等营养成分，具有温中补脾、补气养血、补精添髓、强腰健胃、促进骨骼发育等功效，搭配具有润肺、止咳、清痰作用的冰糖食用，可让儿童补充营养，促进生长发育。

番茄鸡翅

◐ 原料：鸡翅400克，姜片、葱花各少许

◐ 调料：盐2克，白糖6克，生抽2毫升，料酒3毫升，番茄酱20克，食用油少许

◐ 做法：

1.洗净的鸡翅两面都切上一字花刀。
2.把处理好的鸡翅装入盘中，撒上姜片，加入盐。
3.淋入生抽、料酒，腌渍约15分钟。
4.锅中注入适量食用油，烧至六成热。
5.放入腌好的鸡翅，小火炸至金黄色。
6.捞出炸好的鸡翅，沥干油，待用。
7.锅留底油，倒入番茄酱、白糖，搅拌匀。
8.放入炸好的鸡翅，炒至入味。
9.夹出鸡翅，摆放在盘中，撒上葱花即可。

营养功效

鸡翅含有蛋白质、维生素A、钙、磷、铁等营养成分，具有温中补脾、补气养血、促进骨骼发育等功效；番茄酱营养丰富、风味特殊，具有减肥瘦身、消除疲劳、增进食欲、提高蛋白质的吸收率、减少胃胀食积等作用。

推荐食谱

柠檬胡椒牛肉

◐ 原料：牛肉200克，柠檬70克，洋葱、彩椒各50克，黑胡椒粒10克，姜片、蒜末、葱段各少许

◐ 调料：盐、鸡粉各3克，食粉少许，蚝油4克，料酒4毫升，生抽5毫升，食用油适量

◐ 做法：

1.将洗净的柠檬、牛肉切片；洗好的彩椒、洋葱切小块。

2.把牛肉片装入碗中，加生抽、鸡粉、盐、食粉、水淀粉腌渍约10分钟至其入味。

3.用油起锅，放入姜片、蒜末、葱段，爆香。

4.倒入彩椒、洋葱、柠檬，炒至散出香味。

5.放入肉片，翻炒匀，淋料酒，炒匀提味，加鸡粉、盐、生抽、蚝油，用中火炒匀。

6.撒上黑胡椒粒，翻炒至食材熟透、入味。

7.关火后盛出炒好的菜肴即成。

营养功效

柠檬富含糖类、维生素C、维生素B_1、维生素B_2、钙、磷、铁、高量钾元素和低量钠元素等，对人体十分有益；牛肉所含的锌是一种有助于合成蛋白质、促进肌肉生长的抗氧化剂。两者搭配食用，是促进儿童生长发育的下饭佳品。

杨桃炒牛肉

◐ 原料：牛肉130克，杨桃120克，彩椒50克，姜片、蒜片、葱段各少许

◐ 调料：盐、鸡粉各3克，食粉、白糖各少许，蚝油6克，料酒4毫升，生抽10毫升，水淀粉、食用油各适量

◐ 做法：

1.彩椒切小块，杨桃、牛肉切片；牛肉装碗中，加生抽、食粉、盐、鸡粉、水淀粉腌渍。

2.锅中注水烧开，倒入腌渍好的牛肉，汆煮至变色后捞出。

3.用油起锅，倒入姜片、蒜片、葱段，爆香，倒入牛肉片，炒匀，淋料酒，炒匀提味。

4.倒入杨桃片、彩椒，用大火快炒至食材熟软；转小火，加生抽、蚝油、盐、鸡粉、白糖炒匀调味，倒入水淀粉，快速翻炒均匀；关火后盛出即成。

营养功效

杨桃含有蛋白质、纤维素、胡萝卜素、维生素B_1、维生素B_2、维生素B_3及钾、钙、镁、铁、锌、磷、硒等营养物质，能调节儿童血脂、血压，预防儿童“三高”疾病，搭配具有补中益气、滋养脾胃、强健筋骨功能的牛肉同食，能促进儿童健康成长。

丁香多味鸡腿

◐ 原料：鸡腿块320克，丁香、陈皮、葱段、姜片各少许

◐ 调料：盐、鸡粉各2克，生抽4毫升，料酒8毫升，食用油适量

◐ 做法：

1.锅中注水烧开，倒入备好的鸡腿块，拌匀。

2.淋料酒，用大火汆煮一会儿，去除血水，捞出，沥干水分，待用。

3.用油起锅，倒丁香、陈皮、葱段、姜片，爆香，放入鸡腿块，翻炒匀，淋料酒，炒匀炒透，加生抽，炒匀提味，注入水，拌匀。

4.烧开后转小火煮约10分钟，至食材断生。

5.加盐、鸡粉调味，转小火续煮15分钟至鸡肉入味；用大火翻炒至汤汁收浓。

6.关火后盛出焖煮好的菜肴，装入盘中即成。

营养功效

鸡肉含有蛋白质、钙、磷、铁、钾、B族维生素、维生素A等营养成分，其肉质细嫩、滋味鲜美，具有益五脏、补虚损、健脾胃等功效，能改善儿童的消化功能，预防消化不良等症状；陈皮有消食除积的功效，脘腹胀满的儿童可适量食用。

金玉猪肉卷

◐ 原料：肉末260克，鸡蛋清35克，千张200克，香菇30克，彩椒10克，白菜叶95克，葱花少许

◐ 调料：盐3克，鸡粉2克，生抽5毫升，生粉15克，水淀粉、食用油各适量

◐ 做法：

1.千张切长方块，香菇切粒，彩椒切菱形块。
2.开水锅中放入白菜叶、香菇，煮至断生。
3.取碗，倒入肉末，加盐、鸡粉、生抽、蛋清，放入香菇、生粉，拌至起劲，制成肉馅。
4.取白菜叶，放入肉馅，卷成卷，修齐封口。
5.取千张，放入肉馅，卷成卷，修齐封口。
6.将生坯一起装入蒸盘中，蒸至熟，待用。
7.用油起锅，注入水，倒入彩椒、生抽、鸡粉、盐、水淀粉，搅拌均匀，调成稠汁。
8.把稠汁浇在肉卷上，点缀上葱花即可。

营养功效

猪肉含有蛋白质、糖类、B族维生素、钙、磷、铁等营养成分，具有补血益气、增高助长、润肠胃、补钙等功效；千张含有丰富的蛋白质，而且属完全蛋白，不仅含有人体必需的8种氨基酸，而且其比例也接近人体需要，营养价值较高。

推荐食谱

湖南夫子肉

◐ 原料：香芋400克，五花肉350克，蒜末、葱花各少许

◐ 调料：盐、鸡粉各3克，蒸肉粉80克，食用油适量

◐ 做法：

1.洗净的香芋、洗好的五花肉分别切片。
2.热锅注油，烧至五成热，放入香芋，搅拌匀，炸出香味，捞出，沥干油，备用。
3.锅留底油，放五花肉，炒至变色，放入蒜末，炒香，倒入香芋、蒸肉粉，炒匀。
4.加盐、鸡粉，倒入剩余的蒸肉粉，炒匀。
5.盛出食材，装入盘中，放入蒸锅中，小火蒸3小时。
6.把蒸好的香芋五花肉取出，撒葱花，淋少许热油即可。

香芋含有蛋白质、维生素、钙、磷、铁、钾等营养成分，具有散积理气、益胃补脾、清热镇咳等功效；猪肉含有丰富的优质蛋白和人体必需的脂肪酸，并提供血红素（有机铁）和促进铁吸收的半胱氨酸，能改善缺铁性贫血引起的小儿食欲不振。

老醋泡肉

◐ 原料：瘦肉300克，白芝麻6克，蒜末、葱花各10克，花生米25克，青椒、红椒各15克

◐ 调料：盐、鸡粉各3克，白糖少许，生抽3毫升，陈醋15毫升，芝麻油、料酒、食用油各适量

◐ 做法：

1.将洗净的青椒、红椒切成圈，备用。

2.热水锅中加入生抽、盐、鸡粉，放入洗净的瘦肉，再加入料酒。

3.用小火煮至熟，捞出瘦肉，放凉待用；瘦肉切厚片，待用。

4.热锅注油，烧至三成热，倒入花生米，小火浸炸约1分钟，捞出，待用。

5.取一个干净的碗，倒入瘦肉片、花生米、蒜末、葱花、红椒、青椒，加入陈醋、盐、鸡粉、白糖、生抽、芝麻油，搅拌均匀，撒上白芝麻即可。

营养功效

猪瘦肉含有蛋白质、脂肪酸、维生素B_1、维生素B_2、钙、磷、铁等营养成分，具有补虚强身、滋阴润燥、增强免疫力等功效；搭配能刺激胃酸分泌、促进消化的陈醋，可使猪瘦肉更烂更香，增进儿童的食欲，补充足量的营养物质。

蒜薹炒肉丝

◐原料：牛肉240克，蒜薹120克，彩椒40克，姜片、葱段各少许

◐调料：盐、鸡粉各3克，白糖、生抽、食粉、生粉、料酒、水淀粉、食用油各适量

◐做法：

1.蒜薹切段，彩椒切条形，牛肉切细丝。
2.牛肉丝装入碗中，加盐、鸡粉、白糖、生抽、食粉，撒上生粉、食用油，腌渍约10分钟。
3.热锅注油，烧至四五成热，倒入牛肉丝，搅散，用小火滑油至其变色，捞出。
4.锅底留油烧热，倒入姜片、葱段，爆香，放入蒜薹、彩椒，淋料酒，炒匀提味。
5.放入备好的牛肉丝，加盐、鸡粉、生抽、白糖调味，倒入水淀粉勾芡。
6.关火后盛出炒好的菜肴即可。

营养功效

蒜薹含有胡萝卜素、纤维素C、辣素、维生素A、钙、磷等营养成分，具有降血脂、润滑肠道、增强免疫力等功效；牛肉蛋白质含量高，而脂肪含量低，享有“肉中骄子”的美称。两者搭配制成的菜肴，是一道味道鲜美、营养丰富的下饭菜。

鲜入为主，水产类

水产类食物中含有被誉为脑黄金的DHA以及能够促进钙吸收的维生素D，对生长发育期的儿童在益智增高方面有着举足轻重的作用。鱼、虾、蟹等含有的蛋白质为优质蛋白，并且水产类食物味道鲜美、肉质嫩滑，很符合儿童的口味，是不可多得的优良食材。

选择技巧

1.看。水产一般宜购买鲜活的。新鲜的水产活动能力强、动作灵敏，放在手掌上掂量，有厚实沉重之感，反之，则为劣质的；若为干品海鲜，一般体型完整端正、光亮洁净、无杂色的为佳。

2.摸。部分水产为干品，选择的时候，首先要用手去摸一下，感觉干爽、无黏滞感的为上品。若是虾米，可以用手抓一把，握紧，松手后虾米个体即散开的是干燥适度的优质品；若是海参、墨鱼干、鱿鱼干等，摸上去够干、结实的则为上品。

制作秘籍

1.清洗鲇鱼、泥鳅等鱼类的时候，不要将其表面的黏性物质清洗掉，因为那是一种胶质营养素，对幼儿健康十分有益；并且不宜用热水清洗，以免脂肪溶解在水中。

2.蒸鱼的时候先将锅内的水烧开，然后将鱼放在蒸盘中隔水蒸，再放上一些鸡油或猪油，味道会更加鲜美，孩子会更爱吃。切忌用冷水蒸，因为鱼类的肉质细嫩，冷水蒸加热的时间更长，会造成高温对鱼中蛋白质及其他营养成分的破坏。

3.不能用白酒代替料酒烹制水产类食物。料酒的主要原料——黄酒，是用糯米或小米酿造而成的，在烹饪肉类食物时加入料酒，会生成氨基酸盐，达到去腥、增鲜的目的。

妈妈课堂

1.巧去腥味。水产类食物都有一个共同特点——腥，若烹制的食物腥味过重，孩子自然难以接受。去除腥味有多种方法，如将鱼虾浸泡在温茶水中5～10分钟，利用茶叶中鞣酸的收敛作用，去除腥味；或者在烹饪的时候，在鱼虾中放入一片柠檬或者滴上几滴柠檬汁，都能很好地去掉腥味。但是水产类食物去腥不能用醋，醋会破坏水产本身的鲜味。

2.水产类食物中有一部分为发物，幼儿在食用的时候，要由少到多适量进食，一次不能过量，以便观察其有无过敏反应。

3.螃蟹性味咸寒，且为食腐动物，所以吃时必蘸姜末、醋汁来祛寒杀菌，尤其是幼儿，不宜单独、过量食用。

推荐食谱

生蚝口蘑紫菜汤

◐原料：生蚝肉100克，紫菜5克，口蘑30克，姜片少许

◐调料：盐、鸡粉各1克，料酒少许

◐做法：

1.砂锅中注入适量清水烧开，放入清洗干净的生蚝。
2.倒入洗净切好的口蘑，加入清洗干净的紫菜、姜片。
3.盖上盖，用大火煮开后转小火续煮20分钟，至食材熟透。
4.揭开盖，加入料酒、盐、鸡粉，拌匀。
5.关火后盛出煮好的汤料，装入备好的干净碗中即可。

生蚝含有蛋白质、B族维生素、不饱和脂肪酸、维生素D、磷、钙、镁等营养成分，具有增强免疫力、益智健脑等功效，儿童常食，能促进神经系统的发育；口蘑味甘，性平，有宜肠益气的功效，所含的大量膳食纤维可以防止小儿便秘，促进排毒。

陈皮炒河虾

◐ 原料：水发陈皮3克，高汤250毫升，河虾80克，姜末、葱花各少许

◐ 调料：盐2克，鸡粉3克，胡椒粉、食用油各适量

◐ 做法：

1.清洗干净的陈皮切丝，再切成末，备用。
2.用油起锅，放入备好的河虾、姜末、陈皮，炒匀。
3.倒入备好的高汤，拌匀。
4.放入盐、鸡粉、胡椒粉，拌匀。
5.倒入备好的葱花，炒匀。
6.关火后盛出炒好的菜肴，装入备好的干净盘中即可。

营养功效

河虾富含蛋白质、脂肪、糖类、谷氨酸、维生素B_1、维生素B_2、维生素B_3以及钙、磷、铁、硒等矿物质，具有补肾、强健体魄的功效，有助于儿童的身高生长；陈皮含有的活性物质，有刺激食欲、助消化的作用。

推荐食谱

海带拌彩椒

◐ 原料：海带150克，彩椒100克，蒜末、葱花各少许

◐ 调料：盐3克，鸡粉2克，生抽、陈醋、芝麻油、食用油各适量

◐ 做法：

1.清洗干净的海带、彩椒切丝，放入加有盐和食用油的开水锅中。
2.搅拌均匀，煮约1分钟至熟，捞出。
3.将彩椒和海带放入备好的碗中，倒入蒜末、葱花。
4.加入生抽、盐、鸡粉、陈醋。
5.淋入芝麻油，拌匀调味。
6.将拌好的食材装入备好的碗中即成。

营养功效

海带含有钙、镁、钾、磷、铁、锌、硒、碘、维生素B_1、维生素B_2等营养成分，不仅可以促进人体新陈代谢，还有养肝明目的功效，且其丰富的锌还能增强儿童免疫力；彩椒中的维生素C含量相对较高，有利于儿童神经系统的发育。

推荐食谱

豉香乌头鱼

◐ 原料：乌头鱼300克，红椒、青椒各15克，豆豉45克，姜末、葱花各少许

◐ 调料：生抽5毫升，鸡粉2克，食用油适量

◐ 做法：

1.乌头鱼切开背部，去籽的青椒、红椒切粒。
2.豆豉切碎，剁成细末，待用。
3.将豆豉装入碗中，再放入青椒、红椒、姜末，加入生抽、鸡粉，搅匀，淋入食用油，调成味汁。
4.将乌头鱼放入备好的盘中，倒上调好的味汁，待用。
5.蒸锅注水烧开，放入蒸盘，用中火蒸约15分钟至其熟透。
6.取出蒸好的鱼肉，撒上葱花即可。

本品色香味俱全，能刺激儿童食欲，且乌头鱼含有蛋白质、钾、磷、钠、镁、钙、硒等营养成分，具有增强免疫力、补充钙质、促进生长发育等功效；豆豉含蛋白质丰富，且易消化吸收，对儿童骨骼发育非常有益。

推荐食谱

葱烧红杉鱼

◐ 原料：红杉鱼700克，姜片、葱段各少许

◐ 调料：盐、鸡粉各1克，生抽、料酒各5毫升，食用油适量

◐ 做法：

1.将处理好的红杉鱼切上一字刀，去除内脏。
2.热锅注油，烧至六成热，放入红杉鱼，炸约1分钟至表皮微黄，捞出，沥干。
3.热锅注入食用油，倒入姜片、葱段，爆香，放入煎好的红杉鱼。
4.注入适量水，加入盐、生抽，再淋入料酒，拌匀。
5.用大火煮约5分钟至汤汁收干，加入鸡粉，拌匀调味。
6.盛出煮好的红杉鱼，装盘即可。

营养功效

红杉鱼含有蛋白质、不饱和脂肪酸、纤维素、多种矿物质等营养成分，能气血双补、增强人体免疫力，其含有的不饱和脂肪酸，对儿童脑部发育非常有益；姜片具有温中止呕、温肺止咳、解毒等功效，故此菜适合感冒儿童食用。

番茄酱烧鱼块

◐ 原料：鳙鱼肉300克，葱段、姜片各少许

◐ 调料：盐、白糖各3克，白醋4毫升，料酒3毫升，水淀粉5毫升，番茄酱30克，生粉50克，食用油适量

◐ 做法：

1.将鳙鱼肉切开，改切成小块。
2.把鱼块装入碗中，放盐、料酒、生粉，拌匀，腌渍10分钟。
3.热锅注油烧至五六成热，放入鱼块，炸约2分钟至呈金黄色，捞出。
4.用油起锅，放入姜片，加番茄酱。
5.倒入适量水、白糖、白醋、盐，煮至白糖溶化。
6.放入水淀粉勾芡，制成稠汁，放入葱段，倒入鱼块，炒匀，装盘即成。

鳙鱼含有蛋白质、脂肪、钙、磷及多种维生素，具有暖胃、祛眩晕、健脑益智等作用，儿童常食，有助于其生长发育；番茄酱含有维生素A、B族维生素、维生素C及钙、镁、铁等矿物质，具有健胃消食、生津止渴、清热解毒、凉血平肝的功效。

推荐食谱

红烧多宝鱼

◐ 原料：多宝鱼550克，水发香菇35克，姜丝、蒜末、红椒丝、葱丝、葱段各少许

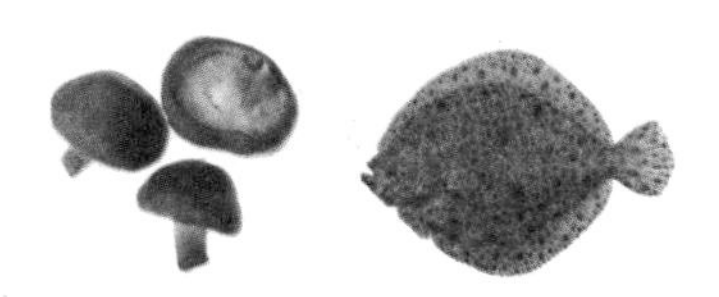

◐ 调料：豆瓣酱8克，盐3克，鸡粉2克，生粉少许，老抽3毫升，生抽5毫升，料酒6毫升，水淀粉、食用油各适量

◐ 做法：

1.香菇切粗丝；处理好的多宝鱼加盐、鸡粉、生抽、料酒，腌渍约15分钟，再裹上生粉。
2.热锅注油烧热，放入多宝鱼，略炸，捞出；锅底留油，放入蒜末、葱段、姜丝、红椒丝。
3.倒入香菇，炒匀，淋入料酒，炒香、炒透，注入水，加盐、鸡粉、生抽、老抽。
4.放入豆瓣酱，搅匀，煮至汤汁沸腾。
5.倒入炸好的多宝鱼，煮至鱼肉入味，装盘。
6.烧热锅中的汤汁，倒入水淀粉，制成味汁，浇在鱼身上，再用葱丝点缀即可。

多宝鱼含有蛋白质、维生素A、维生素C、钙、铁等营养成分，有暖胃和中、平降肝阳的功效。同时，多宝鱼还含有一种特殊的脂肪酸，能帮助分解人体中的脂肪，可预防小儿肥胖。香菇中含有香菇多糖，能增强机体免疫力。

推荐食谱

酱焖黄花鱼

原料： 黄花鱼600克，葱段5克，姜片、蒜末各10克，香菜少许

调料： 生抽5毫升，黄豆酱10克，盐、白糖各2克，食用油适量

做法：

1.在处理好的黄花鱼背部切上一字刀。

2.热锅注油烧热，放入黄花鱼，煎出香味，翻一面，煎至两面呈现微黄色，捞出。

3.锅底留油，倒入姜片、蒜末、葱段、黄豆酱，翻炒出香味。

4.加入生抽，注入水，倒入备好的黄花鱼，加盐、白糖，炒匀调味。

5.大火焖5分钟至食材入味，盛出黄花鱼，装入盘中。

6.浇上汤汁，点缀上香菜即可。

营养功效

黄花鱼含有蛋白质、维生素、磷、铁、钾、钙等营养成分，具有增强免疫力、开胃消食、补中益气等功效，常食既能预防儿童感冒，还有助于长骨细胞和软骨细胞的生长，对长高有利；搭配葱、姜、蒜食用，还能抑制肠道有害菌的生长。

金菊斑鱼汤

◐ 原料：石斑鱼肉170克，水发菊花20克，姜片、葱花各少许

◐ 调料：盐3克，鸡粉2克，水淀粉适量

◐ 做法：

1.将洗净的石斑鱼剔除鱼骨，再切段，去除鱼皮，用斜刀切片。

2.把鱼肉片装入盘中，加盐，拌匀，倒入水淀粉，拌匀上浆，腌渍约10分钟。

3.锅中注水烧热，倒入鱼骨，撒上姜片，拌匀，用中火煮至鱼骨断生，撇去浮沫，倒入泡好的菊花，拌匀，用大火煮至散出花香味。

4.加盐、鸡粉，倒入腌好的鱼肉片，拌匀，转中火煮至食材熟透。

5.盛出汤料，装入碗中，撒上葱花即可。

石斑鱼含有蛋白质、维生素A、维生素D、钙、磷、钾等营养成分，具有增强免疫力、益气补血等功效，能有效预防儿童缺铁性贫血；菊花富含挥发油，具有清热祛火、疏风散热、养肝明目等功效。

糖醋鱼片

◐原料：鲤鱼550克，鸡蛋1个，葱丝少许

◐调料：番茄酱30克，盐2克，白糖4克，白醋12毫升，生粉、水淀粉、食用油各适量

◐做法：

1.将处理干净的鲤鱼用斜刀切片；把鸡蛋打入碗中，撒上生粉，加入盐。

2.搅散，注入水，拌匀，放入鱼片，搅匀。

3.使肉片均匀地滚上蛋糊，腌渍一会儿。

4.热锅注油，烧至四五成热，放入腌渍好的鱼片，搅匀，炸至食材熟透，捞出，沥干。

5.锅中注入水烧热，加盐、白糖、白醋，拌匀，倒入番茄酱，搅匀，加入水淀粉，调成稠汁。

6.取一个盘子，盛入炸熟的鱼片，再浇上锅中的稠汁，点缀上葱丝即成。

鲤鱼含有蛋白质、胡萝卜素、B族维生素、钾、镁、锌、硒等营养成分，具有补脾健胃、利水消肿、清热解毒等功效，发热儿童可适量食用；鸡蛋含有蛋白质、维生素和矿物质等营养物质，对维持儿童的正常发育非常有益。

蛤蜊鲫鱼汤

◐ 原料：蛤蜊130克，鲫鱼400克，枸杞子、姜片、葱花各少许

◐ 调料：盐、鸡粉各2克，料酒8毫升，胡椒粉少许，食用油适量

◐ 做法：

1.处理干净的鲫鱼两面切上一字花刀，用刀将洗净的蛤蜊打开。

2.用油起锅，放入鲫鱼，煎出焦香味，翻面，煎至焦黄色。

3.淋入料酒，加入适量开水，再放入姜片，煮沸后，撇去浮沫。

4.倒入备好的蛤蜊，用小火煮5分钟，至食材熟透，加入盐、鸡粉、胡椒粉。

5.放入洗净的枸杞子，略煮一会儿。

6.盛出，装入汤碗中，撒上葱花即可。

营养功效

鲫鱼含有钙、磷、钾、镁等营养元素，对心脏活动具有重要的调节作用，能很好地保护儿童心血管系统；蛤蜊富含蛋白质、脂肪、碘、钙、磷、铁及多种维生素，能滋阴润燥、化痰祛湿，对咳嗽痰多的儿童具有食疗作用。

推荐食谱

蒜香拌蛤蜊

◐ 原料：莴笋120克，水发木耳40克，彩椒、蛤蜊肉各70克，蒜末少许

◐ 调料：盐、白糖各3克，陈醋5毫升，蒸鱼豉油2毫升，芝麻油2毫升，食用油适量

◐ 做法：

1.洗好的木耳切小块；去皮的莴笋用斜刀切段，改切成片；彩椒切成小块。
2.开水锅中放入盐、食用油。
3.倒入莴笋、木耳、彩椒，搅拌匀，加入蛤蜊肉，煮半分钟。
4.将锅中食材捞出，沥干水分。
5.把汆煮好的食材倒入碗中，放入蒜末。
6.加入白糖、陈醋、盐、蒸鱼豉油，淋入芝麻油，拌匀调味。
7.将拌好的食材装入盘中即可。

营养功效

蛤蜊含有蛋白质、钙、磷等营养物质，且钙、磷比例适合人体需要，有助于儿童骨骼和牙齿的发育，维持儿童的正常生长；木耳含铁丰富，具有补气、滋阴、补肾、活血、通便等功效，可治疗儿童便秘和缺铁性贫血。

葱爆海参

◐ 原料：海参300克，葱段50克，姜片40克，高汤200毫升

◐ 调料：盐、鸡粉各3克，白糖2克，蚝油5克，料酒4毫升，生抽6毫升，水淀粉、食用油各适量

◐ 做法：

1.将洗净的海参切条形。

2.锅中注水烧开，加盐、鸡粉，倒入海参，煮约1分钟，再捞出，沥干水分，待用。

3.用油起锅，放入姜片、部分葱段，爆香，倒入氽过水的海参，淋入料酒，炒匀提味。

4.倒入高汤，放入蚝油，淋入生抽。

5.再加入盐、鸡粉、白糖，炒匀调味。

6.转大火收汁，撒上余下的葱段，再倒入水淀粉，翻炒一会儿，至汤汁收浓。

7.关火后盛出炒好的菜肴，装入盘中即成。

海参含有蛋白质、钙、钾、锌、铁、硒、锰等营养物质，且其含有活性物质酸性粘多糖，能补肾益精、滋阴壮阳、补血润燥、修复和增强人体免疫力、抵抗各种疾病对儿童的侵袭，常食海参还能增强造血功能。

醋拌墨鱼卷

◐ 原料：墨鱼100克，姜丝、葱丝、红椒丝各少许

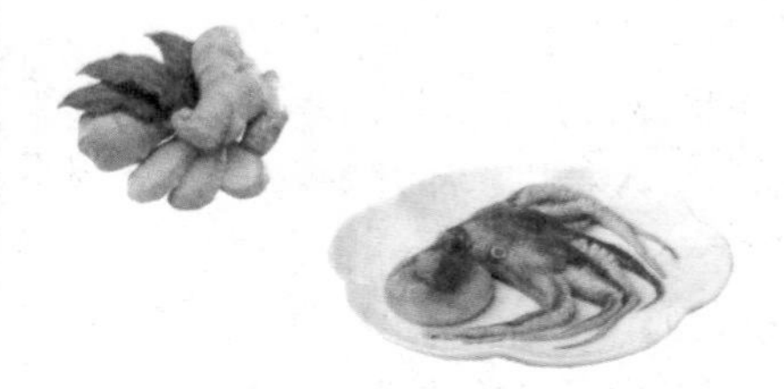

◐ 调料：盐2克，鸡粉3克，芝麻油、陈醋各适量

◐ 做法：

1.将清洗干净的墨鱼切上花刀，再切成小块，备用。
2.锅中注入适量水烧开，倒入墨鱼，煮至其熟透。
3.捞出墨鱼，装盘备用。
4.取一个碗，加入盐、陈醋。
5.放入鸡粉，淋入芝麻油，拌匀，制成酱汁。
6.把酱汁浇在墨鱼上。
7.放上葱丝、姜丝、红椒丝即可。

墨鱼含有蛋白质、维生素A、B族维生素、钙、镁、硒等营养成分，具有补脾益肾、益气补血、增强免疫力等功效，有助于儿童预防感冒，且其含有的不饱和脂肪酸对大脑发育也非常有利，儿童常食，可促进其智力开发。

蒜苗烧草鱼

◐ 原料：草鱼肉250克，蒜苗100克，红椒30克

◐ 调料：盐3克，鸡粉2克，老抽、生抽各3毫升，料酒、生粉、水淀粉、食用油各适量

◐ 做法：

1.蒜苗切段，红椒用斜刀切段；草鱼肉切去鱼鳍，切成条形块，加盐、料酒、生粉，拌匀，腌渍约10分钟，至其入味。

2.热锅注油，烧至六成热，放入鱼块，拌匀，用中火炸至金黄色，捞出，沥干。

3.用油起锅，放入蒜苗梗，倒入炸好的草鱼块，淋入料酒，炒香，注入水，煮沸，加盐、鸡粉，淋入老抽、生抽，拌匀调味。

4.待汤汁沸腾，加入红椒，炒匀，煮至入味，放入蒜苗叶，倒入水淀粉，炒匀，盛出即可。

草鱼含有丰富的蛋白质、不饱和脂肪酸、维生素、硒等营养物质，可促进血液循环，且对儿童大脑和神经系统发育非常有利，经常食用，还有增进食欲的功效；蒜苗含有的胡萝卜素有保护视力和预防近视的作用。

推荐食谱

炒花蟹

◐ 原料：花蟹2只，姜片、蒜片、葱段各少许

◐ 调料：盐、白糖各2克，料酒4毫升，生抽3毫升，水淀粉5毫升，食用油适量

◐ 做法：

1.锅中注油烧热，放入备好的姜片、蒜片和葱段，爆香。
2.倒入处理干净的花蟹，略炒。
3.加入料酒，淋入生抽，翻炒均匀，炒香。
4.倒入适量水，放入盐、白糖，炒匀。
5.盖上盖，大火焖2分钟。
6.揭盖，放入水淀粉勾芡。
7.取一个干净的盘子，关火后把炒好的花蟹盛出，装入盘中即可。

花蟹含有丰富的蛋白质、维生素A、钙、磷、钾等营养成分，有清热解毒、补骨添髓、强筋健骨、活血祛痰、利湿退黄、理胃消食之功效，还能改善儿童的血液循环，有助于脑部营养的供应。

推荐食谱

猕猴桃炒虾球

◐ 原料：猕猴桃60克，鸡蛋1个，胡萝卜70克，虾仁75克

◐ 调料：盐4克，水淀粉、食用油各适量

◐ 做法：

1.猕猴桃肉切小块，胡萝卜切丁；虾仁去虾线，加盐、水淀粉，抓匀，腌渍10分钟至入味。

2.将鸡蛋打入碗中，放入盐，倒入水淀粉，用筷子打散，调匀。

3.开水锅中放入盐、胡萝卜，煮至断生，捞出。

4.热锅注油，烧至四成热，倒入虾仁，炸至转色，捞出；锅底留油，倒入蛋液，炒熟，盛出。

5.用油起锅，倒入胡萝卜、虾仁，炒匀，倒入炒好的鸡蛋，加盐，炒匀调味。

6.放入猕猴桃，炒匀，倒入水淀粉，炒匀，装盘。

猕猴桃富含维生素C，能调中理气、生津润燥、解热除烦，适用于儿童消化不良、食欲不振等；胡萝卜中胡萝卜素含量较高，对维持儿童正常视力非常有益；虾仁含较多蛋白质和钙，有利于骨细胞的生长发育，帮助儿童长高。

酱炖泥鳅鱼

◐ 原料：净泥鳅350克，姜片、葱段、蒜片各少许，干辣椒8克，啤酒160毫升

◐ 调料：盐2克，黄豆酱20克，辣椒酱12克，水淀粉、芝麻油、食用油各适量

◐ 做法：

1.用油起锅，倒入处理干净的泥鳅，煎出香味，至食材断生后盛出，待用。
2.锅留底油烧热，撒上姜片、葱段，倒入蒜片，爆香。
3.放入备好的干辣椒，炒出香味，放入黄豆酱、辣椒酱。
4.炒出香辣味，注入啤酒，倒入煎过的泥鳅，加入盐，拌匀，转小火煮至食材入味。
5.倒入葱段，用水淀粉勾芡，滴入芝麻油，炒匀，至汤汁收浓，装盘即成。

泥鳅含有蛋白质、糖类、维生素A、维生素B_1、维生素B_2、钙、磷、铁等营养成分，具有补中益气、暖中和胃等功效，且泥鳅中含有的核苷是抗体的主要成分，能提高身体的抗病毒能力，增强抵抗力。

油淋小鲍鱼

◐ 原料：鲍鱼120克，红椒10克，花椒4克，姜片、蒜末、葱花各少许

◐ 调料：盐2克，鸡粉1克，料酒、生抽、食用油各适量

◐ 做法：

1.鲍鱼肉两面都切上花刀，红椒切小丁块。
2.开水锅中倒入料酒，放入鲍鱼肉和鲍鱼壳。
3.加盐、鸡粉，拌匀，略煮，去腥味，捞出。
4.用油起锅，放入姜片、蒜末，注入适量水，加入生抽、盐、鸡粉，拌匀。
5.倒入鲍鱼肉，拌匀，用中火煮沸，转小火煮3分钟至其入味；拣出壳，将鲍鱼肉放壳中。
6.摆放好，点缀上红椒、葱花，待用。
7.锅中注油烧热，放入花椒，将热油淋在鲍鱼肉上即可。

营养功效

鲍鱼含有蛋白质、维生素A、钙、铁、碘等营养成分，具有生津止渴、清热润燥、补肝明目等功效。此外，鲍鱼中含有的鲍灵素有保护免疫系统的作用，能增强儿童的免疫力，预防多种细菌和病毒的感染。

酱香花甲

◐ 原料：花甲600克，豆豉15克，蒜末、葱段各少许

◐ 调料：盐、白糖、鸡粉各2克，海鲜酱40克，料酒4毫升，生抽3毫升，水淀粉5毫升，食用油适量

◐ 做法：

1.用油起锅，放入蒜末、豆豉，爆香。
2.倒入洗净的花甲，翻炒均匀。
3.淋入料酒，加生抽，炒匀、炒香。
4.放入海鲜酱，翻炒均匀。
5.放入盐、白糖、鸡粉，炒匀调味，用大火焖约1分钟。
6.用大火收汁，放入葱段，放水淀粉勾芡。
7.将炒好的菜肴盛出，装入备好的干净盘中，即可食用。

花甲含有蛋白质、脂肪、糖类、矿物质、维生素等多种成分，具有清热利湿、化痰止咳、滋阴明目等作用，适合肺热咳嗽的患儿食用；豆豉富含优质蛋白，易消化吸收，对儿童各组织细胞的发育非常有益。

清炖甲鱼

◐ 原料：甲鱼块400克，姜片、枸杞子各少许

◐ 调料：盐、鸡粉各2克，料酒6毫升

◐ 做法：

1.开水锅中淋入料酒，倒入备好的甲鱼块，搅匀，用大火煮约2分钟。

2.待汤汁沸腾后掠去浮沫，捞出甲鱼，沥干。

3.砂锅中注入约800毫升水，用大火烧开。

4.倒入汆煮好的甲鱼块，放入枸杞子、姜片，搅匀，再淋入料酒提味。

5.煮沸后转小火煲煮约40分钟，至食材熟透。

6.加入盐、鸡粉，搅拌匀，续煮片刻至入味，取出即成。

营养功效

甲鱼含有蛋白质、钙、铁和多种维生素等营养成分，具有滋阴凉血、补益调中、补肾健骨等作用。此外，甲鱼含有的脂肪以不饱和脂肪酸为主，生长发育期的儿童食用，有益气力、强精髓、健脑益智的作用。

茄汁鱿鱼卷

◐ 原料：鱿鱼肉170克，莴笋65克，胡萝卜45克，葱花少许

◐ 调料：番茄酱30克，盐2克，料酒5毫升，食用油适量

◐ 做法：

1.去皮的莴笋切薄片；胡萝卜用斜刀切段，再切薄片；鱿鱼肉上切花刀，再切小块。

2.开水锅中倒入胡萝卜片，拌匀，煮至其断生后捞出，沥干。

3.沸水锅中倒入鱿鱼块，拌匀，淋入料酒，氽去腥味，煮至鱼身卷起，捞出，沥干。

4.用油起锅，倒入番茄酱，加盐，倒入鱿鱼卷，炒匀，再放入胡萝卜、莴笋片。

5.用大火快炒至莴笋断生，淋入料酒，再撒上葱花，炒出葱香味，装盘即成。

鱿鱼的营养价值高，含有蛋白质、钙、牛磺酸、磷等营养成分，对儿童的大脑发育非常有益；莴笋含有糖类、膳食纤维、胡萝卜素、B族维生素、钾、钙、镁、铁、锌等营养成分，具有扩张血管、养心润肺、增强免疫力等作用。

推荐食谱

脆炒鱿鱼丝

◐原料：净鱿鱼90克，竹笋40克，红椒25克，姜末、蒜末、葱末各少许

◐调料：盐3克，鸡粉2克，生抽2毫升，水淀粉、食用油各适量

◐做法：

1.竹笋、红椒、鱿鱼切丝；将切好的鱿鱼丝加盐、鸡粉、水淀粉，拌匀。

2.加入食用油，腌渍10分钟至入味；开水锅中放盐、竹笋，煮半分钟，捞出，沥干；将鱿鱼倒入沸水锅中，搅匀，煮至变色，捞出，沥干。

3.用油起锅，放入姜末、蒜末、葱末、红椒丝，略炒，倒入汆煮过的鱿鱼，炒至食材混合均匀。

4.将竹笋倒入锅中，放入生抽、鸡粉、盐，炒匀至食材入味，加水淀粉，炒匀，使芡汁均匀地裹在食材上，装盘。

鱿鱼含有的蛋白质、钙、磷、维生素B_1等都是维持人体健康所必需的营养成分，鱿鱼还含有高度不饱和脂肪酸和牛磺酸，有助于儿童大脑发育；竹笋有清热消痰、利膈爽胃、消渴等功效，且其含有的膳食纤维能促进肠道蠕动，预防儿童便秘。

浇汁鲈鱼

◐ 原料：鲈鱼270克，豌豆90克，胡萝卜60克，玉米粒45克，姜丝、葱段、蒜末各少许

◐ 调料：盐2克，番茄酱、水淀粉各适量，食用油少许

◐ 做法：

1.鲈鱼放入碗中，加盐、姜丝、葱段，拌匀，腌渍约15分钟；胡萝卜切丁；将腌好的鲈鱼去除鱼骨，鱼肉两侧切条，放入蒸盘中。

2.开水锅中倒入胡萝卜、豌豆、玉米粒，煮至食材断生，捞出，沥干。

3.蒸盘放入烧开的蒸锅上，中火蒸约15分钟，取出；油锅中倒入蒜末、焯过水的食材，炒匀。

4.放入番茄酱，炒香，注入水，拌匀，煮沸。

5.倒入水淀粉，拌匀，调成菜汁。

6.关火后盛出菜汁，浇在鱼身上即可。

营养功效

鲈鱼含有蛋白质、维生素A、B族维生素、钙、镁、锌、硒等营养成分，具有补肝肾、益脾胃、化痰止咳等功效；豌豆含有糖类、胡萝卜素、钙、钾、镁、铁等营养物质，能益气补中，适用于小儿脾虚气弱、肠胃不和等症。

推荐食谱

茄汁鲳鱼

◐ 原料：鲳鱼450克，熟松仁30克，西红柿60克，胡萝卜40克，豌豆30克，姜片、蒜末、葱花各少许

◐ 调料：盐2克，白糖4克，番茄酱7克，水淀粉4毫升，生粉、食用油各适量

◐ 做法：

1.西红柿切粒，胡萝卜切丁，处理干净的鲳鱼两面切上花刀；开水锅中倒入备好的豌豆、胡萝卜，搅匀，煮至断生，捞出，沥干。

2.热锅注油，烧至五六成热，放入裹上生粉的鲳鱼，炸至金黄色，捞出，沥干。

3.用油起锅，倒入姜片、蒜末、葱花，放入西红柿，倒入焯过水的食材，炒匀。

4.倒入番茄酱，炒出香味，注入水，煮沸。

5.加白糖、盐，搅匀，加入水淀粉，调成味汁，浇在鱼身上，撒上熟松仁即可。

营养功效

鲳鱼含有蛋白质、不饱和脂肪酸、硒、镁、钙、磷、铁等营养成分，具有益气养胃、柔筋利骨、改善贫血等功效，儿童常食，可预防缺铁性贫血；松仁中的脂肪大多为不饱和脂肪酸，如亚油酸等，有健脑益智的作用。

清炖鲢鱼

◐ 原料：鲢鱼肉320克，姜片、葱段、葱花各适量

◐ 调料：盐2克，料酒4毫升，食用油适量

◐ 做法：

1.鲢鱼肉切块状，装入碗中，加入盐、料酒，搅拌，腌渍约10分钟至其入味，备用。

2.锅置火上，倒入少许食用油烧热，放入腌渍好的鱼块，用小火煎出香味。

3.煎至两面断生，放入姜片、葱段，注入适量水。

4.烧开后用小火炖约10分钟，加入盐，搅拌均匀。

5.盛出炖好的鱼块，装盘，撒上葱花即可。

营养功效

鲢鱼性温，味甘，含有蛋白质、维生素A、B族维生素和钙、磷、铁等多种营养物质，能补脾益气、温中暖胃，可治小儿食欲减退、瘦弱乏力、营养不良、腹泻、少食纳呆、胃脘胀满等症。

推荐食谱

糖醋福寿鱼

◐ 原料：福寿鱼400克，姜末、蒜末、葱花各少许

◐ 调料：盐2克，番茄酱10克，白糖8克，白醋6毫升，水淀粉4毫升，生粉、食用油各适量

◐ 做法：

1.处理干净的福寿鱼两面切上网格花刀。

2.热锅注油，烧至六成热，放入裹上生粉的福寿鱼，炸至金黄色，捞出，沥干。

3.用油起锅，倒入姜末、蒜末，放入番茄酱，搅匀，倒入白醋。

4.加入白糖，搅匀，煮至糖溶化，加盐、水淀粉，炒匀。

5.撒上葱花，拌匀，调制成味汁。

6.关火后盛出味汁，浇在炸好的鱼上即可。

福寿鱼肉质细嫩、肉味鲜美，含有蛋白质、不饱和脂肪酸、维生素、钙、钠、磷、铁等营养成分，可为儿童生长发育提供均衡的营养，具有增强免疫力、促进大脑和身体发育等功效，常食还能预防小儿发育迟缓。

鲜虾炒白菜

◐ 原料：虾仁50克，大白菜160克，红椒25克，姜片、蒜末、葱段各少许

◐ 调料：盐、鸡粉各3克，料酒3毫升，水淀粉、食用油各适量

◐ 做法：

1.大白菜、红椒切小块，虾仁去除虾线。
2.将虾仁装入碗中，放入盐、鸡粉、水淀粉，抓匀。
3.再倒入食用油，腌渍10分钟至入味。
4.开水锅中放食用油、盐，倒入大白菜，煮至断生，捞出。
5.用油起锅，放入姜片、蒜末、葱段，爆香。
6.倒入腌好的虾仁，炒匀，淋入料酒，炒香，放入大白菜、红椒，拌炒匀。
7.加鸡粉、盐，炒匀，用水淀粉勾芡，装盘。

大白菜含有维生素、矿物质、纤维素及蛋白质等营养成分，有养胃生津、除烦解渴、清热解毒的功效，适合感冒发热的儿童食用；虾仁含有蛋白质、碘、硒、镁和不饱和脂肪酸，能健脾养胃、健身强体，对儿童长高有利。

生汁炒虾球

◐ 原料：虾仁130克，沙拉酱40克，炼乳40克，蛋黄1个，西红柿30克，蒜末少许

◐ 调料：盐3克，鸡粉2克，生粉、食用油各适量

◐ 做法：

1.西红柿切瓣，去除表皮，再切成粒；虾仁去除虾线；虾仁中加入盐、鸡粉，倒入备好的蛋黄，拌匀，再滚上生粉，装盘中。

2.沙拉酱装入小碗中，加入炼乳，拌匀，制成调味汁，待用。

3.热锅注油，烧至五成热，倒入腌渍好的虾肉，炸约1分钟，捞出，沥干。

4.用油起锅，倒入蒜末，放入西红柿，炒香。

5.放入炸好的虾仁，再倒入备好的调味汁。

6.快速翻炒一会儿，至食材入味，装盘。

虾仁含有较多的镁，对心脏活动具有重要的调节作用，能很好地保护儿童心血管系统；蛋黄富含多种卵磷脂，对儿童大脑和神经系统发育非常有利；西红柿中含丰富的维生素C，能维持机体的正常新陈代谢。

妈妈必修课

春去秋又来，孩子的成长与四季的更替一样受到大自然的影响。如何顺应季节的变换，挑选出营养健康的时令菜，为孩子制作成鲜香可口的美味佳肴，是所有妈妈共同关注的问题。本章将为您带来全面的四季饮食指南和儿童日常保健等相关内容，精选64道花样繁多却又简单易做的开胃下饭菜，让孩子越吃越爱吃。

四季下饭菜，开启味觉之旅

春季养肝保脾

夏季除湿健脾

秋季润肺补脾

冬季益气养脾

春季养肝保脾

根据中医理论，春季属肝。肝脏具有调节气血、帮助脾胃消化食物、吸收营养的功能，还有调畅情志、疏理气机的作用。春季，人体的血液循环加快、营养消耗增加，造成肝脏功能旺盛，肝脏负担加重，因此，春季养肝尤为重要。同时，脾胃作为一个整体，主运化，易被肝影响，肝脏调养不当则会伤及脾脏，影响人的食欲和消化吸收。春季解决儿童食欲不振的问题，关键在于养好肝、脾。

饮食指南

1.饮食宜清淡，不宜吃肥腻食物，多补充维生素。春季多食用富含维生素C、维生素A和维生素E的食物，可增强儿童免疫力、抵抗各种致病因素的侵袭。

2.多喝水。体内水分充足，不但有助于加快新陈代谢，而且还可以促进胆汁等消化液的分泌，增进食欲。

3.春季儿童肠胃消化功能较弱，饮食宜温热、软烂、易消化。

4.注意饮食卫生。春季气温回暖，细菌、病毒等微生物开始繁殖，活动力强，容易侵犯人体，儿童的食物要洗净之后食用，少吃生蔬菜，不给孩子吃隔夜菜，以防病从口入。

5.适当多吃些甜味食物，少吃酸味食物。甜食可保脾胃，而酸性食物有收敛作用，若饮食过酸，不仅不利于身体吐故纳新，而且还会损伤脾胃。

宜吃食物

玉米、燕麦、生菜、芥菜、芹菜、莴笋、包菜、韭菜、茼蒿、黄豆芽、山药、莲子、红枣、樱桃、梨等。

温馨提示

1.除饮食调养外，家长要积极预防孩子的呼吸道、消化道疾病。早晨给孩子喝杯淡盐水，可清洁胃肠道、杀菌消毒。

2.睡眠充足，生活要有规律。春季白昼渐长，夜晚随之变短，适当调整作息时间，保证充足的睡眠，不仅可以赶走春困，还能保护肝脏。

3.春季是孩子长高的黄金季节，适当的运动能增强体质，加快新陈代谢，让孩子胃口大增，长得更高。

4.春季雨水较多，阴沉的天气容易使人情绪低落，要帮助孩子调整心态，做到心情恬淡、开朗豁达，以免“忧思伤脾”。

莲子松仁玉米

营养功效

莲子有滋养补虚、养心安神的功效，有助于提高春季儿童的睡眠质量；此外，松子含有丰富的不饱和脂肪酸，对儿童的大脑发育有益。

◐原料：

鲜莲子150克，鲜玉米粒160克，松子70克，胡萝卜50克，姜片、蒜末、葱段、葱花各少许

◐调料：

盐4克，鸡粉2克，水淀粉、食用油各适量

◐做法：

1.胡萝卜去皮切丁，莲子去心。

2.开水锅中加盐，放入胡萝卜、玉米粒、莲子，大火煮至八成熟，捞出。

3.热锅注油，烧至三成热，放入松子，滑油至熟，捞出，沥干。

4.用油起锅，放姜片、蒜末、葱段，倒入玉米粒、胡萝卜、莲子，炒匀，加调料调味，水淀粉勾芡，装盘，撒上松子、葱花即可。

茼蒿炒豆干

营养功效

茼蒿具有平补肝肾、缩小便、宽中理气的作用，儿童常食，对春季养肝非常有益；豆干富含优质蛋白，有助于儿童身体各项机能的正常运转。

◐原料：

茼蒿200克，豆干180克，彩椒50克，蒜末少许

◐调料：

盐2克，料酒8毫升，水淀粉5毫升，生抽、食用油各适量

◐做法：

1.豆干、彩椒切条，茼蒿切段。

2.热锅注油，烧至四成热，倒入豆干，滑油片刻，捞出，待用。

3.锅底留油，放入蒜末，倒入切好的彩椒、茼蒿段，翻炒片刻，放入豆干，炒至茼蒿七成熟。

4.加盐、生抽、料酒，炒匀调味，淋少许水淀粉，翻炒均匀，装盘即可。

韭菜炒卤藕

◐原料：

卤莲藕150克，韭菜70克，彩椒50克，葱段少许

◐调料：

盐2克，生抽3毫升，水淀粉、食用油各适量

◐做法：

1.韭菜切段，彩椒、卤莲藕切粗丝。

2.用油起锅，放入葱段，爆香，倒入彩椒丝，翻炒几下，再放入韭菜段，炒匀、炒透，倒入卤莲藕，翻炒一会儿。

3.加入生抽、盐，炒匀调味，倒入水淀粉。

4.快速翻炒匀，至食材熟透、入味。

5.盛出炒好的食材，装入盘中即成。

营养功效

莲藕含有糖类、B族维生素、维生素C、钙、铁等营养物质，可补五脏之虚、强壮筋骨、滋阴养血、预防小儿缺铁性贫血和发育迟缓、改善体质。

橄榄油拌西芹玉米

◐原料：

西芹90克，鲜玉米粒80克，蒜末少许

◐调料：

盐、白糖各3克，橄榄油10毫升，陈醋8毫升，食用油少许

◐做法：

1.洗净的西芹切段；锅中注水烧开，加入盐、食用油。

2.倒入切好的西芹，煮约半分钟，放入玉米粒，焯约半分钟，至食材断生，捞出沥干。

3.西芹、玉米粒装入碗中，撒上少许蒜末，加盐、白糖，加入橄榄油、陈醋，拌匀，至糖分溶化。

4.将拌好的食材装入盘中即可。

营养功效

西芹含有芹菜油及多种矿物质、维生素等营养成分，具有镇静安神、利尿等功效，对小儿睡眠有利，可促进生长激素的正常分泌，有益于儿童生长发育。

莴笋烧豆腐

◐原料：

豆腐200克，莴笋100克，枸杞子10克，蒜末、葱花各少许

◐调料：

盐、鸡粉各2克，老抽3毫升，生抽5毫升，水淀粉、食用油各适量

◐做法：

1.莴笋切丁，豆腐切小方块。

2.开水锅中加盐、食用油，倒入莴笋块、豆腐块，搅匀，略煮片刻后捞出。

3.用油起锅，放入蒜末，注入水，加生抽、盐、鸡粉，倒入焯煮过的食材。

4.撒上枸杞子，淋入老抽，续煮至入味，大火收汁，倒入水淀粉，快速翻炒至汤汁收浓；盛出，撒上葱花即成。

营养功效

豆腐中的蛋白质含量高，且易消化吸收，搭配莴笋同食，有补中益气、清热润燥的作用，可改善儿童的肝肺功能；常食枸杞子，还能保护视力。

凉拌黄豆芽

◐原料：

黄豆芽100克，芹菜80克，胡萝卜90克，白芝麻、蒜末各少许

◐调料：

盐、白糖各4克，鸡粉2克，芝麻油2毫升，陈醋、食用油各适量

◐做法：

1.洗净的胡萝卜切丝，芹菜切段，金针菇切去蒂。

2.开水锅中放盐、食用油，倒入胡萝卜，煮半分钟，放入洗净的黄豆芽、芹菜段，搅匀，再煮半分钟，捞出。

3.将焯过水的食材装入碗中，加盐、鸡粉，撒蒜末，加白糖、陈醋、芝麻油。

4.搅至入味，装盘，撒上白芝麻即可。

营养功效

芹菜和黄豆芽都富含维生素C，可帮助儿童更好地吸收铁和钙，加强红细胞的造血功能，促进骨骼发育；胡萝卜富含胡萝卜素，常食能预防儿童近视。

芹菜胡萝卜丝拌腐竹

◐原料：

芹菜85克，胡萝卜60克，水发腐竹140克

◐调料：

盐、鸡粉各2克，胡椒粉1克，芝麻油4毫升

◐做法：

1.洗净的芹菜切长段，胡萝卜切丝，腐竹切段，备用。

2.开水锅中倒入切好的西芹、胡萝卜，拌匀，用大火略煮片刻。

3.放入腐竹，拌匀，煮至食材断生，捞出，沥干。

4.取一个大碗，倒入焯过水的材料。

5.加入盐、鸡粉、胡椒粉、芝麻油，拌匀至食材入味。

6.将拌好的菜肴装入盘中即可。

营养功效

腐竹中含有丰富的铁、蛋白质、卵磷脂及多种矿物质等，营养价值较高，能健脑益智；芹菜含有的特殊功效成分可改善儿童的血液循环。

黄豆芽炒莴笋

◐原料：

黄豆芽90克，莴笋160克，彩椒50克，蒜末、葱段各少许

◐调料：

盐3克，鸡粉2克，料酒10毫升，水淀粉4毫升，食用油适量

◐做法：

1.洗净去皮的莴笋切丝，彩椒切丝。

2.锅中水烧开，加盐、食用油，倒入莴笋丝、彩椒丝，略煮片刻，捞出，待用。

3.锅中注油烧热，放入蒜末、葱段，倒入黄豆芽，翻炒匀，淋入料酒，炒匀提味，放入焯好的食材，加盐、鸡粉，炒匀调味，淋水淀粉，快速翻炒匀。

4.关火后盛出炒好的食材即可。

营养功效

黄豆芽含有多种维生素，能滋润清热、养肝明目，儿童常食，对生长发育、预防贫血都大有好处。本品能增进儿童的食欲，促进营养物质的吸收。

茼蒿拌鸡丝

◐原料：

鸡胸肉160克，茼蒿120克，彩椒50克，蒜末、熟白芝麻各少许

◐调料：

盐3克，鸡粉2克，生抽7毫升，水淀粉、芝麻油、食用油各适量

◐做法：

1.茼蒿切段，彩椒切粗丝；鸡胸肉切丝，加盐、鸡粉、水淀粉、食用油腌渍入味。

2.开水锅中加食用油、盐，倒入彩椒丝、茼蒿，煮至断生后捞出。

3.沸水锅中放鸡肉丝，煮至熟软后捞出。

4.取一个碗，倒入焯熟的食材，撒上蒜末，加盐、鸡粉、生抽、芝麻油搅至入味；装盘，撒上白芝麻即成。

营养功效

茼蒿含有维生素A、维生素C、膳食纤维、钾等营养物质，有平肝补肾、宽中理气的作用；鸡肉营养丰富而全面，可为儿童生长发育提供全面的营养。

菠菜拌金针菇

◐原料：

菠菜200克，金针菇180克，彩椒50克，蒜末少许

◐调料：

盐3克，鸡粉少许，陈醋8毫升，芝麻油、食用油各适量

◐做法：

1.洗净的金针菇切去根部，菠菜切段，彩椒切丝，备用。

2.开水锅中加食用油、盐，汆煮菠菜，捞出沥干；再倒入金针菇、彩椒丝，煮至熟软后捞出。

3.取一个碗，倒入焯煮过的食材，撒上蒜末，加盐、鸡粉，淋入陈醋、芝麻油，搅拌至入味，盛出即可。

营养功效

菠菜富含膳食纤维，具有促进肠道蠕动的作用，利于小儿排便；金针菇含有天然的免疫增强物质，常食能提高儿童的抵抗力，预防感冒。

莴笋莲藕排骨汤

◐**原料：**

排骨段300克，莲藕200克，莴笋85克，八角、香叶、姜片各少许

◐**调料：**

盐3克，鸡粉、胡椒粉各2克，料酒10毫升

◐**做法：**

1.去皮的莴笋切滚刀块，莲藕切小块。

2.开水锅中倒入洗净的排骨段，淋入料酒，搅匀，放入洗净的八角、香叶，大火略煮，氽去血渍，捞出，沥干。

3.砂锅中注水烧开，倒入氽煮过的材料，撒上姜片，淋料酒提鲜。

4.煮沸后转小火煮30分钟，倒入莲藕、莴笋块，搅匀，再续煮20分钟，加盐、鸡粉、胡椒粉，搅匀，装入碗中即成。

营养功效

莲藕含有糖类、粗纤维、钙、磷、铁、氧化酶等营养成分，有健脾开胃、益血补心、生津止渴的作用；排骨富含钙，有助于儿童的骨骼发育。

彩椒玉米

◐**原料：**

鲜玉米粒100克，彩椒50克，青椒20克，姜片、蒜末、葱白各少许

◐**调料：**

盐、味精各3克，水淀粉10毫升，鸡粉、食用油、芝麻油各适量

◐**做法：**

1.洗净的彩椒、青椒分别切丁。

2.开水锅中加盐、食用油拌匀，倒入玉米粒，略煮。

3.倒入彩椒和青椒，煮沸后捞出。

4.用油起锅，倒入姜片、蒜末、葱白爆香，倒入彩椒、青椒和玉米，炒匀，加盐、鸡粉、味精，炒匀调味。

5.倒入水淀粉、芝麻油，炒匀，装盘。

营养功效

玉米含脂肪、糖类、胡萝卜素、维生素E和多种矿物质，有开胃益智、宁心活血、调理中气等功效，能增强儿童的记忆力，此菜特别适合春季食用。

包菜炒肉丝

◐ 原料：

猪瘦肉200克，包菜200克，红椒15克，蒜末、葱段各少许

◐ 调料：

盐3克，白醋2毫升，白糖4克，料酒、鸡粉、水淀粉、食用油各适量

◐ 做法：

1.包菜、红椒、猪瘦肉切丝；肉丝加盐、鸡粉、水淀粉、食用油，腌渍10分钟至入味。

2.开水锅中倒入食用油，放入包菜，拌匀，煮至断生后捞出。

3.用油起锅，放蒜末、肉丝、料酒，炒至肉丝转色，倒入包菜、红椒，加白醋、盐、白糖、水淀粉，放入葱段，炒匀，盛出即可。

营养功效

包菜有增进食欲、促进消化、预防便秘的功效，对儿童脘腹胀满、消化不良等有食疗作用；猪瘦肉含蛋白质、维生素等，可为儿童生长发育提供营养。

茼蒿鲫鱼汤

◐ 原料：

鲫鱼肉400克，茼蒿90克，姜片、枸杞子各少许

◐ 调料：

盐3克，鸡粉2克，胡椒粉少许，料酒5毫升，食用油适量

◐ 做法：

1.将茼蒿切段，装入盘中，待用。

2.用油起锅，倒入姜片、鲫鱼肉，小火煎至两面断生。

3.淋入料酒，注入水，加盐、鸡粉，放入洗净的枸杞子，大火煮约5分钟，至鱼肉熟软，倒入茼蒿，撒入胡椒粉，搅匀，续煮至食材熟透。

4.盛出煮好的鲫鱼汤，装入碗中即成。

营养功效

鲫鱼含有蛋白质、维生素、钙、铁、锌、磷等营养成分，有通血脉、补体虚的作用，对儿童脾虚有较好的食疗作用；常食茼蒿能清心安神。

手撕蒜薹

◐原料：

鸡胸肉260克，彩椒20克，蒜薹180克

◐调料：

料酒5毫升，盐3克，水淀粉6毫升，白糖4克，生抽3毫升，芝麻油2毫升，鸡粉2克，陈醋、甜面酱、醪糟、食用油各适量

◐做法：

1.彩椒切丝；鸡胸肉切丝，加盐、水淀粉、醪糟、食用油，腌渍入味。

2.开水锅中加盐、蒜薹，煮至断生，捞出。

3.锅中油烧热，将鸡肉丝滑油至变色，倒入彩椒，炒匀，捞出，放在蒜薹上。

4.锅底留油烧热，倒入甜面酱、陈醋、白糖、盐、生抽、鸡粉、水淀粉、芝麻油，搅匀，调成味汁，浇在鸡丝上即可。

营养功效

蒜薹含维生素A、维生素C、大蒜素、纤维素等，具有促进血液循环、健胃、杀菌、改善儿童便秘等功效；鸡胸肉营养丰富，有助于儿童长高。

葱椒莴笋

◐原料：

莴笋200克，红椒30克，葱段、花椒、蒜末各少许

◐调料：

盐4克，鸡粉2克，豆瓣酱10克，水淀粉8毫升，食用油适量

◐做法：

1.莴笋去皮切片，红椒切小块。

2.开水锅中倒入食用油、盐，放入莴笋片，搅匀，煮1分钟，至其八成熟，捞出，沥干。

3.用油起锅，放入红椒、葱段、蒜末、花椒，爆香，倒入莴笋，炒匀，加入豆瓣酱、盐、鸡粉，炒匀。

4.淋入水淀粉，炒匀；盛出装盘即可。

营养功效

莴笋含有铁、胡萝卜素等营养成分，能改善儿童的造血功能，帮助维持正常视力；红椒含有较丰富的维生素C，可调节神经系统功能。

春季养肝保脾食谱荟萃

关注“掌厨”——更多春季养肝保脾食谱可在“掌厨”中找到

- 玉米排骨汤
- 素炒黄豆芽
- 蒜蓉生菜
- 草菇扒芥菜
- 白菜玉米沙拉
- 枸杞芹菜炒香菇
- 黑豆雪梨大米豆浆
- 玉米小麦豆浆
- 韭菜花炒河虾
- 雪梨山楂百合汤
- 麻婆山药
- 芹菜胡萝卜丝拌腐竹
- 生菜南瓜沙拉
- 橄榄油芹菜炒香干
- 炝拌生菜
- 黄豆芽木耳炒肉
- 芥菜黄瓜汤
- 干煸芹菜肉丝
- 山药红枣鸡汤
- 蚝油生菜
- 冰糖雪梨
- 雪梨银耳牛奶
- 芹菜梨汁
- 健脾山药汤
- 醋香芹菜蜇皮
- 玉米芥蓝拌巴旦木仁
- 韭菜鸭血汤
- 糖醋樱桃萝卜
- 玉米拌豆腐
- 香菇扒生菜
- 韭菜花炒干丝
- 醋拌芹菜
- 芥菜瘦肉豆腐汤
- 樱桃豆腐
- 蒸芹菜叶
- 蒜瓣炒苋菜
- 橄榄油芹菜拌核桃仁
- 西葫芦双丝
- 蛋丝拌韭菜
- 樱桃雪梨汤
- 雪梨杏仁胡萝卜汤
- 黑蒜拌芹菜
- 红枣花生焖猪蹄
- 生蚝生菜汤
- 燕麦片果蔬沙拉

夏季除湿健脾

夏季是一年中最炎热的季节，温度高、雨水多，阳气旺盛的同时，湿气也较重，人体在此时最易受到湿邪的侵扰。常言道：湿邪乃万病之源，千寒易除，一湿难去。湿邪易损伤人体阳气，特别是损伤脾胃的阳气，影响脾胃功能的正常运行，使饮食积滞，加上夏季儿童肠胃吸收能力本就相对较差，因而更容易出现胃口差、厌食、脘腹胀满、腹泻等症状。所以，夏季解决儿童不爱吃饭的问题，重点在健脾、除湿。

饮食指南

1.多吃清淡易消化、少油腻的食物。夏季是瓜果蔬菜上市的旺季，如黄瓜、西红柿、扁豆等，都含有丰富的维生素C、胡萝卜素和无机盐等物质。

2.多吃清热利湿的食物。夏季炎热、湿气大，妈妈应多给孩子吃一些清热利湿的食物，如苦瓜、丝瓜、绿豆、乌梅等。

3.饮食宜多样化。夏季儿童食欲较差，因此食物的种类宜多样化，鱼、虾、豆制品、新鲜蔬菜等都是较好的选择。

4.多饮水，少吃冷饮。夏季炎热，孩子正处于好动期，更容易流失大量水分，因此适量多次补水很重要。夏季儿童也不宜多吃雪糕、冰激凌等冷冻食品，否则易患胃肠炎、消化不良、厌食症等。大部分饮料含糖分较高，会降低孩子的食欲，同样不宜多吃。

宜吃食物

苦瓜、茄子、西红柿、黄瓜、绿豆、红豆、薏米、莲子、鸭肉、红枣、山楂、苹果、葡萄、西瓜、桃、乌梅、草莓等。

温馨提示

1.除日常饮食调养外，父母要帮助孩子养成多运动、早睡早起的良好生活习惯，以增强儿童的免疫力和抗病能力。

2.如果夏季房间内的湿气较重，建议多保持空气流通，让空气带走湿气。若外界湿气也很重，可打开风扇、空调来保持空气的对流。

3.儿童大汗后不宜用冷水洗澡。夏季儿童较易出汗，如果用冷水洗澡，会使全身毛孔迅速闭合，血管迅速收缩，进而影响到机体功能，容易使孩子生病。

4.注意卫生，防止病从口入。夏季各种致病微生物的生长繁殖较快，食物易腐烂，家长要少让孩子吃路边摊贩卖的麻辣烫、凉菜或熟食，多吃杀菌类食物，如大蒜、洋葱等。

冬瓜荷叶薏米猪腰汤

◐原料：

冬瓜300克，猪腰300克，水发香菇40克，水发薏米75克，荷叶9克，姜片25克

◐调料：

盐、鸡粉各2克，料酒10毫升

◐做法：

1.香菇切块；去皮的冬瓜去瓤，切小块。
2.猪腰切掉筋膜，切片，倒入开水锅中，搅匀，汆去血水，捞出。
3.砂锅中注水烧开，放入荷叶、薏米、姜片，倒入香菇、汆过水的猪腰，加入冬瓜块，拌匀，淋入料酒。
4.烧开后小火煮30分钟，加盐、鸡粉。
5.搅拌匀，略煮片刻，至食材入味。
6.关火后盛出煮好的食材即成。

营养功效

薏米含有多种维生素、氨基酸及糖类、薏苡仁油、薏苡仁脂、B族维生素等成分，具有健脾利水、利湿除痹、清热排脓等功效，非常适合夏季食用。

红枣酿苦瓜

◐原料：

苦瓜120克，红枣40克，香茅叶少许

◐做法：

1.苦瓜洗净切成段，去瓤去籽，倒入开水锅中，煮约1分钟至其断生后捞出，沥干水分，待用。
2.把洗净的红枣放入蒸锅中，蒸约15分钟后取出，去除枣核，将枣肉剁成泥。
3.把枣泥塞入备好的苦瓜中，再放上香茅叶；把苦瓜放入蒸锅中，大火蒸约3分钟，至熟透；关火后取出即可。

营养功效

苦瓜具有清暑除烦、清热解毒等功效，对夏季除湿非常有利；红枣含铁丰富，能补铁养血，多食可使儿童面色红润、胃口好。

推荐食谱

黄瓜炒牛肉

◐ 原料：

黄瓜150克，牛肉90克，红椒20克，姜片、蒜末、葱段各少许

◐ 调料：

盐3克，鸡粉2克，生抽5毫升，食粉、水淀粉、食用油各适量

◐ 做法：

1.黄瓜、红椒切小块；牛肉切片，装入碗中，放入食粉、生抽、盐、水淀粉、食用油，腌渍10分钟至入味。

2.锅中油烧热，放入牛肉片，滑油至变色，捞出。

3.锅底留油，放姜片、蒜末、葱段，倒入红椒、黄瓜，炒匀，放牛肉片，加调料调味；倒入水淀粉勾芡，装盘即可。

营养功效

牛肉中含有较多的锌，能支持蛋白质的合成、增强儿童免疫力；黄瓜具有除湿、利尿、镇痛、促消化的功效，对夏季除湿非常有利。

推荐食谱

西红柿炒冻豆腐

◐ 原料：

冻豆腐200克，西红柿170克，姜片、葱花各少许

◐ 调料：

盐、鸡粉各2克，白糖少许，食用油适量

◐ 做法：

1.冻豆腐撕成碎片，西红柿切小瓣。

2.开水锅中放入冻豆腐，拌匀，煮约1分钟，捞出，沥干。

3.用油起锅，撒上姜片，爆香，倒入西红柿瓣，炒匀，至其析出水分。

4.倒入焯过水的豆腐，炒匀，加盐、白糖、鸡粉，炒至食材熟软、入味。

5.盛出炒好的菜肴，装入盘中，撒上葱花即可。

营养功效

冻豆腐含蛋白质、膳食纤维、B族维生素、钙等营养成分，有润燥生津、清热解毒等功效。本品营养丰富、清爽可口，对夏季食欲不佳有食疗作用。

粉蒸茄子

营养功效

茄子含有胆碱、龙葵碱、维生素P等营养成分，能活血化瘀、清热消肿；五花肉能提供血红素铁和促进铁吸收的半胱氨酸，能改善儿童缺铁性贫血。

◐ 原料：

茄子350克，五花肉200克，蒜末、葱花各少许

◐ 调料：

盐、鸡粉各2克，料酒、芝麻油各4毫升，生抽6毫升，蒸肉粉40克，食用油适量

◐ 做法：

1.茄子切成条，五花肉切薄片。

2.肉片装入碗中，加料酒、盐、鸡粉、生抽，撒上蒜末、蒸肉粉，淋入芝麻油，拌匀，腌渍入味，制成肉酱。

3.取一蒸盘，摆上茄条，放入肉酱；蒸锅注水烧开，放入蒸盘，大火蒸至熟透；取出，撒上葱花，浇上热油即可。

西红柿炒丝瓜

推荐食谱

营养功效

丝瓜含有皂苷类物质、瓜氨酸等，具有清暑凉血、解毒通便、祛风化痰的作用；儿童常食西红柿能增进食欲、提高对蛋白质的吸收率、减少胃胀食积。

◐ 原料：

西红柿170克，丝瓜120克，姜片、蒜末、葱花各少许

◐ 调料：

盐、鸡粉各2克，水淀粉3毫升，食用油适量

◐ 做法：

1.洗净去皮的丝瓜切小块，洗好的西红柿切成小块。

2.用油起锅，放入姜片、蒜末、葱花，爆香，倒入切好的丝瓜，炒匀。

3.锅中加入少许水，放入切好的西红柿，炒匀，加入盐、鸡粉，炒匀调味。

4.倒入少许水淀粉，快速翻炒，使食材裹匀，盛出炒好的食材即可。

营养功效

芦笋含有膳食纤维、硒等营养成分，具有促进消化、清热解毒等功效；常食山药能健脾补肺、益胃补肾。此菜对夏季儿童食欲不佳有食疗作用。

浇汁山药盒

◐原料：

芦笋160克，山药120克，肉末70克，葱花、姜末、蒜末各少许，高汤250毫升

◐调料：

盐、鸡粉各3克，生粉、水淀粉、食用油各适量

◐做法：

1.山药去皮切片；肉末中加鸡粉、盐、水淀粉，撒上葱花、姜末、蒜末，制成肉馅。

2.开水锅中加盐、鸡粉、食用油，倒入芦笋，拌匀，煮至断生，捞出。

3.山药片滚上生粉，放肉馅，再盖上一片山药，制成生坯；放入蒸锅中蒸至熟透。

4.热锅中注入高汤，加盐、鸡粉、水淀粉，调成味汁，将味汁浇在山药上即成。

营养功效

西红柿含有胡萝卜素、维生素C、钙、磷、钾、镁、铁等营养成分，具有健胃消食、清热解毒、凉血平肝等功效，适合生长发育期的儿童食用。

西红柿肉盏

◐原料：

西红柿140克，肉末120克，蛋液40克，口蘑、葱段各少许

◐调料：

盐、鸡粉各2克，料酒、生抽各3毫升，食用油适量

◐做法：

1.口蘑切粒；葱段切末；西红柿掏空，制成西红柿盅，再把果肉切碎。

2.用油起锅，倒入口蘑、葱段，再倒入蛋液，炒散，加入肉末，炒至变色。

3.放入西红柿末，淋料酒，加盐、鸡粉、生抽，炒匀炒香，即成馅料。

4.放入西红柿盅，制成西红柿肉盏，放入蒸锅中蒸约3分钟至熟，取出即可。

草菇烩芦笋

◐原料：

芦笋170克，草菇85克，胡萝卜片、姜片、蒜末、葱白各少许

◐调料：

盐、鸡粉各2克，蚝油4克，料酒3毫升，水淀粉、食用油各适量

◐做法：

1.草菇切小块，芦笋去皮切断。

2.开水锅中放入盐、食用油，倒入草菇，煮半分钟后再倒入芦笋段，续煮半分钟，至全部食材断生后捞出，沥干。

3.用油起锅，放入胡萝卜片、姜片、蒜末、葱白，爆香，倒入焯好的食材，淋入料酒，炒匀，放入蚝油，加盐、鸡粉，翻炒至熟软，倒入水淀粉勾芡即可。

营养功效

芦笋富含膳食纤维，能促进胃肠蠕动、帮助食物消化，有利于儿童对营养物质的吸收；草菇不仅能开胃消食，还能提高机体免疫力。

豉油南瓜

◐原料：

去皮南瓜350克，蒜瓣2个，罗勒叶少许

◐调料：

盐2克，鸡粉3克，食用油、蒸鱼豉油各适量

◐做法：

1.洗净的南瓜切片，蒜瓣用刀拍扁。

2.锅中注入适量水烧开，倒入南瓜，加入盐，焯煮片刻至熟软，捞出。

3.另取一个盘子，将南瓜以圆圈方式摆放在盘中。

4.用油起锅，倒入蒜瓣，爆香，加入蒸鱼豉油，注入适量水，加入鸡粉，烹煮约1分钟至入味。

5.关火后盛出烹煮好的汁液，浇在南瓜上，放上罗勒叶做装饰即可。

南瓜含有糖类、胡萝卜素、维生素C和钙、磷、锌等营养成分，有健脾益胃、润肺益气的功效。本品有助于增进儿童食欲，夏季可经常食用。

咖喱鸡丁炒南瓜

原料：

南瓜300克，鸡胸肉100克，姜片、蒜末、葱段各少许

调料：

咖喱粉10克，盐、鸡粉各2克，料酒4毫升，水淀粉、食用油各适量

做法：

1.洗净的南瓜、鸡胸肉分别切丁。

2.鸡肉丁中加鸡粉、盐、水淀粉、食用油腌渍10分钟；锅中油烧热，倒入南瓜丁，炸至断生后捞出。

3.用油起锅，放姜片、蒜末、葱段，倒入鸡肉丁，淋料酒，炒至变色，加水，放南瓜丁，煮沸，撒咖喱粉、鸡粉、盐，炒至熟软，倒入水淀粉，炒匀后盛出。

营养功效

鸡肉蛋白质含量较高，且易被人体吸收，其中的维生素B_{12}能参与脂肪的代谢，有助脂肪分解，减少腹胀积食；常吃南瓜还可改善儿童视力。

松仁炒丝瓜

原料：

胡萝卜片50克，丝瓜90克，松仁12克，姜末、蒜末各少许

调料：

盐2克，鸡粉、水淀粉、食用油各适量

做法：

1.丝瓜切小块；开水锅中加入食用油，放入胡萝卜片，煮半分钟，倒入丝瓜，煮至断生，捞出，沥干。

2.用油起锅，倒入姜末、蒜末，爆香，倒入胡萝卜和丝瓜，拌炒一会儿。

3.加入盐、鸡粉，快速炒匀至全部食材入味，再倒入水淀粉，炒匀。

4.关火后将炒好的菜肴盛入盘中，撒上松仁即可。

营养功效

松仁含有较多的不饱和脂肪酸，对儿童大脑发育非常有利，可促进智力开发；丝瓜有通经络、行血脉的功效，能促进儿童新陈代谢、改善血液循环。

圣女果芦笋鸡柳

◐原料：

鸡胸肉220克，芦笋100克，圣女果40克，葱段少许

◐调料：

盐3克，鸡粉少许，料酒6毫升，水淀粉、食用油各适量

◐做法：

1.芦笋切长段，圣女果对半切开；鸡胸肉切条形，装碗中，加盐、水淀粉、料酒，腌渍约10分钟。

2.锅中油烧热，放入鸡肉条、芦笋段，拌匀，小火略炸至食材断生后捞出。

3.用油起锅，放入葱段，倒入炸好的材料、圣女果，炒匀，加盐、鸡粉，淋料酒，炒匀，用水淀粉勾芡，装盘即成。

营养功效

芦笋含有B族维生素、锌、硒等营养成分，具有清热利尿、增强免疫力、增进食欲等功效，搭配圣女果食用，可有效除湿。

鸭蛋炒洋葱

◐原料：

鸭蛋2个，洋葱80克

◐调料：

盐3克，鸡粉2克，水淀粉4毫升，食用油适量

◐做法：

1.去皮洗净的洋葱切丝；鸭蛋打散，加鸡粉、盐、水淀粉，调匀。

2.锅中倒入食用油烧热，放入切好的洋葱，翻炒至洋葱变软。

3.加入盐，炒匀调味，倒入调好的蛋液，快速翻炒至熟。

4.关火后将炒熟的鸭蛋盛出，装入盘中即可。

营养功效

洋葱具有健胃、祛痰、杀菌等功效，儿童常食能抑制肠道细菌感染，预防肠炎腹泻；鸭蛋可滋阴清热、生津益胃，两者搭配非常适合儿童夏季食用。

推荐食谱

鸡丝茄子土豆泥

◐原料：

土豆200克，茄子80克，鸡胸肉150克，香菜35克，蒜末、葱花各少许

◐调料：

盐2克，生抽4毫升，芝麻油适量

◐做法：

1.去皮的土豆切片。
2.蒸锅注水烧开，放入土豆片和备好的茄子、鸡胸肉，蒸约25分钟至熟透，取出。
3.取放凉后的土豆片，压碎，呈泥状。
4.将茄子、鸡胸肉均撕成条，装入碗中，撒香菜、蒜末、葱花，加盐、生抽、芝麻油，搅拌匀。
5.取一盘子，放入土豆泥，铺平，再盛入拌好的材料，摆盘即可。

营养功效

土豆含有糖类、膳食纤维、维生素A、维生素C、钾、铁、磷等营养成分，具有健脾和胃、益气调中、排毒等功效，搭配茄子食用，还能增强食欲。

推荐食谱

洋葱西蓝花炒牛柳

◐原料：

西蓝花300克，牛肉200克，洋葱45克，姜片、葱段各少许

◐调料：

盐、蚝油各3克，鸡粉2克，白糖、食粉、老抽各少许，生抽4毫升，料酒5毫升，水淀粉、食用油各适量

◐做法：

1.西蓝花切小朵；洋葱切粗丝；牛肉切丝，加调料腌渍约10分钟。
2.开水锅中放油、盐，焯煮西蓝花，捞出；倒入牛肉丝，汆煮至其变色，捞出。
3.用油起锅，放入姜片、葱段、洋葱、牛肉丝，炒出香味，加调料炒匀。
4.取一盘，将西蓝花摆好，盛入菜肴即可。

营养功效

西蓝花含有糖类、矿物质、维生素C和胡萝卜素等营养成分，搭配洋葱食用，有杀菌、防感染的作用，有助于维持儿童肠道健康。

夏季除湿健脾食谱荟萃

关注“掌厨”——更多夏季除湿健脾食谱可在“掌厨”中找到

- 苦瓜玉米蛋盅
- 西红柿炒冬瓜
- 山楂乌鸡汤
- 苦瓜牛蛙汤
- 洋葱拌西红柿
- 核桃香煸苦瓜
- 香辣莴笋丝
- 菠菜鱼丸汤
- 黑蒜炒苦瓜
- 清凉姜汁黄瓜片
- 黄瓜拌土豆丝
- 糖醋苦瓜
- 彩椒黄瓜炒鸭肉
- 香菇柿饼山楂汤
- 西红柿奶酪豆腐
- 雪梨苹果山楂汤
- 山药炖苦瓜
- 酱酸莴笋
- 牛奶莲子汤
- 凉拌黄瓜条
- 苹果红枣鲫鱼汤
- 生菜苦瓜沙拉
- 清味黄瓜鸡汤
- 绿豆芽炒鳝丝
- 西红柿紫菜蛋花汤
- 韭菜苦瓜汤
- 绿豆芽韭菜汤
- 炝拌莴笋
- 芥菜黄瓜汤
- 红枣薏米鸭肉汤
- 陈皮红豆鲤鱼汤
- 胡萝卜西红柿汤
- 山楂麦芽益食汤
- 醋熘莴笋
- 山楂黑豆瘦肉汤
- 莴笋平菇肉片
- 红腰豆绿豆莲子汤
- 山楂菠萝炒牛肉
- 紫菜黄瓜汤
- 黄豆芽炒莴笋
- 鸭肉炒菌菇
- 红豆煮苦瓜
- 山楂玉米粒
- 山楂蒸鸡肝
- 西红柿青椒炒茄子

秋季润肺补脾

秋季，秋高气爽，但气候干燥，空气湿度小，且阴气逐渐增长，阳气开始慢慢收敛。中医认为，肺主气，秋令与肺气相应，秋季燥邪与寒邪最易伤肺，各种呼吸系统疾病在秋末天气较冷时也最易复发。此外，由于秋季早晚温差增大，气候变化较为频繁，易造成胃液分泌减少，导致消化功能紊乱，非常容易引起儿童食欲不振、厌食等。因此，秋季儿童饮食调养应以润肺养脾为主。

饮食指南

1.选用清淡易消化，且富含维生素的食物。多吃新鲜蔬果，如莲藕、百合、山药、莲子、香蕉、梨等，这些蔬果不仅能为儿童补充丰富的维生素和无机盐，还具有润肺除燥、祛痰止咳、健脾养肺的功效。

2.合理补充水分。秋季易口渴，因此应多补充水分。孩子的最佳饮料是温开水，碳酸饮料、可乐、果汁等都应少饮，以免影响食欲。

3.多吃一些酸味水果和蔬菜，如山楂、葡萄、柚子、石榴等，在增进儿童食欲的同时，还能祛除燥气、补气润肺。

4.秋季是流行性感冒多发的季节，给孩子多吃一些富含维生素A及维生素E的食品，如奶制品、动物肝脏、坚果等，对增强孩子免疫力、预防感冒非常有益。

宜吃食物

胡萝卜、冬瓜、银耳、大白菜、百合、莲藕、山药、豆腐、猪肝、黑芝麻、红枣、核桃、香蕉、梨、苹果、柚子、甘蔗、柿子等。

温馨提示

1.秋季气候多变，且经过炎热的夏季，人体消耗较大，免疫力下降，儿童易感染呼吸道疾病。因此，父母应坚持带孩子到室外活动。

2.室内要经常通风，常晒被褥。保持室内空气清新，对孩子的健康大有好处。阳光充足的时候，要经常将孩子的被褥拿出去晒一晒，这样既可起到消毒去味的作用，又能让孩子用得更舒适。

3.秋季皮肤易干燥，妈妈在给孩子洗脸时宜选用柔软的毛巾，不要用力擦洗。

4.秋季是腹泻的流行季节，父母一定要特别注意孩子的饮食卫生，不要让孩子吃生冷食物，玩具与餐具也要定期进行消毒。

蒜油藕片

◐原料：

莲藕260克，黄瓜120克，蒜末少许

◐调料：

陈醋6毫升，盐、白糖各2克，生抽4毫升，辣椒油10毫升，花椒油7毫升，食用油适量

◐做法：

1.洗净的黄瓜切片，洗好去皮的莲藕切片。

2.锅中注水烧开，倒入藕片，煮至断生，捞出，沥干水分，待用。

3.用油起锅，倒入蒜末煸炒，炸成蒜油，盛出，装入小碗中，待用。

4.取一个碗，倒入藕片、黄瓜、蒜油，加陈醋、盐、白糖、生抽、辣椒油、花椒油，搅拌至食材入味，装盘即可。

营养功效

莲藕含有蛋白质、维生素C、氧化酶、钙、磷、铁等营养成分，具有健脾养胃、清热祛瘀、促进消化等功效，非常适合儿童在秋季食用。

秋葵炒肉片

◐原料：

秋葵180克，猪瘦肉150克，红椒30克，姜片、蒜末、葱段各少许

◐调料：

盐2克，鸡粉3克，水淀粉、生抽各3毫升，食用油适量

◐做法：

1.洗净的红椒切块，洗好的秋葵切段。

2.洗净的猪瘦肉切片，装入碗中，加盐、鸡粉、水淀粉、食用油腌渍入味。

3.锅中水烧开，加食用油，倒入秋葵，焯煮半分钟至其断生，捞出。

4.用油起锅，放姜片、蒜末、葱段，倒入肉片，炒至转色，倒入秋葵、红椒，加生抽、盐、鸡粉，炒匀调味，盛出即可。

营养功效

猪瘦肉含有维生素B_1、钙、磷、锌等成分，其蛋白质和脂肪酸含量高，有滋养脏腑、补中益气、滋阴养胃之功效。儿童常食，还可促进其智力发育。

白萝卜含芥子油、淀粉酶和粗纤维，具有促进消化、增强食欲、加快胃肠蠕动的作用，与口味清甜的百合搭配食用，可使儿童胃口大开。

杏仁百合白萝卜汤

原料：

杏仁15克，干百合20克，白萝卜200克

调料：

盐3克，鸡粉2克

做法：

1.洗净的白萝卜切块，再切条，改切成丁，装入碗中，备用。

2.砂锅中注入适量水烧开，放入洗好的百合、杏仁。

3.再加入切好的白萝卜丁，拌匀，用小火煮约20分钟至其熟软。

4.放入盐、鸡粉，拌匀调味。

5.关火后盛出煮好的萝卜汤，装入碗中，待稍微放凉后即可食用。

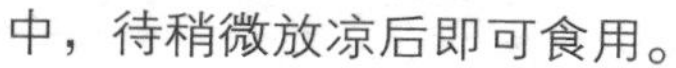

推荐食谱

营养功效

胡萝卜作为一种质脆味美、营养丰富的家常蔬菜，含维生素A、维生素B_1等营养成分，具有补中气、健胃消食等功效，非常适合食欲不佳的儿童食用。

胡萝卜香味炖牛腩

原料：

牛腩400克，胡萝卜100克，红椒45克，青椒1个，姜片、蒜末、葱段、香叶各少许

调料：

水淀粉、料酒各10毫升，豆瓣酱10克，生抽8毫升，食用油适量

做法：

1.洗净的胡萝卜、青椒、红椒切小块，汆煮过的牛腩切小块。

2.锅中注入食用油，放香叶、蒜末、姜片，炒香，倒入牛腩块，淋料酒，加豆瓣酱、生抽，炒匀。

3.加水，大火炖1小时；放入胡萝卜块，焖10分钟；放入青椒、红椒，炒匀，倒入水淀粉勾芡，挑出香叶，盛出后放上葱段即可。

芥蓝含有膳食纤维、有机碱，其带有一定的苦味，能刺激人的味觉神经，增进孩子食欲。经常食用芥蓝，还可加快胃肠蠕动，促进消化。

枸杞拌芥蓝梗

◐原料：

芥蓝梗85克，熟黄豆60克，枸杞子10克，姜末、蒜末各少许

◐调料：

盐、鸡粉各2克，生抽3毫升，芝麻油、辣椒油各少许，食用油适量

◐做法：

1.洗净的芥蓝梗去皮，切成丁。

2.锅中注水烧开，加油、盐，拌匀，倒入芥蓝梗，搅拌几下，煮1分钟，加入枸杞子，煮片刻至芥蓝梗断生，捞出。

3.将熟黄豆放入碗中，加姜末、蒜末、盐、鸡粉，淋生抽、芝麻油、辣椒油，搅拌至食材入味。

4.将拌好的食材装入盘中即可。

陈皮性温，具有理气健脾、燥湿化痰的功效；海带含钙、硒及维生素B_1、维生素B_2等人体不可缺少的营养成分，非常适合脾胃虚弱的儿童食用。

冬瓜陈皮海带汤

◐原料：

冬瓜100克，海带50克，猪瘦肉100克，陈皮5克，姜片少许

◐调料：

盐、鸡粉各2克，料酒3毫升

◐做法：

1.洗净的冬瓜切小块，洗好的海带切小块，洗净的瘦肉切成丁。

2.砂锅中注水烧开，放入陈皮、姜片、瘦肉、海带，搅匀，加入料酒，搅匀。

3.烧开后用小火炖20分钟，至食材熟软；倒入冬瓜，搅匀，用小火炖15分钟，至全部食材熟透。

4.加盐、鸡粉，搅匀调味；将煮好的汤料盛出，装入碗中即可。

莲藕海带烧肉

◐原料：

莲藕200克，海带100克，猪腱肉200克，八角6克，姜片、葱段各少许

◐调料：

白糖4克，水淀粉6毫升，生抽5毫升，老抽2毫升，料酒8毫升，食用油适量

◐做法：

1.洗净的莲藕、猪腱肉切丁，海带切段。
2.锅中注水烧开，放入海带、藕丁，加白醋，焯熟后捞出，备用。
3.用油起锅，放姜片、葱段、八角，倒入肉丁，加调料调味，注入水，煮至沸腾。
4.加入焯过水的食材，炒匀，小火焖20分钟，至熟透；转大火收汁，倒入水淀粉，快速炒匀；盛出食材，放上葱段即可。

营养功效

莲藕微甜而脆，具有消食止泻、开胃清热之功效；猪腱肉肉质嫩滑，经过炖煮后稍带肉质纤维，颇有嚼劲，能够很好地帮助儿童增进食欲。

糖醋花菜

◐原料：

花菜350克，红椒35克，蒜末、葱段各少许

◐调料：

番茄汁25克，盐3克，白糖4克，料酒4毫升，水淀粉、食用油各适量

◐做法：

1.洗净的花菜、红椒分别切小块。
2.锅中注水烧开，加盐，放入花菜，搅匀，煮1分30秒，倒入红椒块，再煮约半分钟，至断生后捞出。
3.用油起锅，放入蒜末、葱段，爆香。
4.倒入焯过水的食材，淋入料酒，注入水，放入番茄汁、白糖，搅拌至糖分溶化，加盐调味，倒入水淀粉勾芡。
5.关火后盛出菜肴，装盘即成。

营养功效

花菜营养丰富，含有蛋白质、脂肪、维生素A等，其质地细嫩、味甘鲜美，食后极易被消化吸收，非常适合脾胃虚弱、胃口不佳的儿童食用。

彩椒木耳烧花菜

营养功效

彩椒含丰富的维生素A、B族维生素、维生素C及钙、磷、铁等营养成分，具有温中、散热、消食等作用，且其汁多甜脆、色泽诱人，可增进儿童的食欲。

◐原料：

花菜130克，彩椒70克，水发木耳40克，姜片、葱段各少许

◐调料：

盐、鸡粉各3克，蚝油5克，料酒4毫升，水淀粉、食用油各适量

◐做法：

1.洗净的木耳、彩椒切块，花菜切小朵。

2.开水锅中加盐、鸡粉，倒入木耳、花菜，搅匀，煮1分30秒，再放入彩椒块，拌匀，煮至断生后捞出。

3.用油起锅，放姜片、葱段，爆香，倒入焯过水的食材，淋入料酒，炒匀。

4.加鸡粉、盐、蚝油，炒匀，倒入水淀粉，炒至熟透；盛出食材，装盘即成。

百合炒鸡丝

推荐食谱

营养功效

鸡胸肉蛋白质含量较高，且易被人体吸收利用，常食有温中益气、健脾胃之功效，与百合、彩椒、青椒搭配食用，是一道美味的秋季下饭菜。

◐原料：

鸡胸肉180克，鲜百合35克，青椒、红椒各35克，姜片、蒜末、葱段各少许

◐调料：

盐3克，鸡粉2克，料酒4毫升，水淀粉、食用油各适量

◐做法：

1.鸡胸肉、青椒、红椒切丝；鸡肉丝装碗中，加鸡粉、盐、水淀粉、油腌渍。

2.锅中油烧热，倒入鸡肉丝，搅散，滑油片刻至变色，捞出。

3.锅底留油，放姜片、蒜末、葱段，倒入青椒丝、红椒丝、百合、鸡肉丝，炒匀，淋料酒，加盐、鸡粉，炒匀调味。

4.倒入水淀粉，翻炒至熟透、入味即成。

枣仁鲜百合汤

营养功效

酸枣仁富含维生素C及钾、钠、铁等多种矿物质元素，其味酸甜，具有很好的开胃健脾、生津止渴、消食止滞的作用，食欲不佳的儿童可经常食用。

◐原料：

鲜百合60克，酸枣仁20克

◐做法：

1.将洗净的酸枣仁切碎，备用。

2.砂锅中注入适量水烧热，倒入切碎的酸枣仁。

3.盖上盖，用小火煮约30分钟，至其析出有效成分。

4.揭开盖，倒入洗净的百合，搅拌匀。

5.用中火煮约4分钟，至食材熟透。

6.关火后盛出煮好的汤料，装入碗中，待稍微放凉后即可饮用。

青菜蒸豆腐

推荐食谱

营养功效

上海青口感脆嫩，能为人体提供多种所需的矿物质、维生素等，具有保护肠胃的作用。儿童经常食用上海青，对皮肤和眼睛的保养也有很好的效果。

◐原料：

豆腐100克，上海青60克，熟鸡蛋1个

◐调料：

盐2克，水淀粉4毫升

◐做法：

1.锅中注水烧开，放入上海青，拌匀，煮约半分钟，捞出。

2.上海青剁成末，豆腐剁成泥；熟鸡蛋取出蛋黄，切成碎末。

3.取一碗，倒入豆腐泥、上海青，搅匀，加盐、水淀粉，拌匀，将食材装入另一个碗中，抹平，撒蛋黄末，即成蛋黄豆腐泥。

4.蒸锅注水烧沸，放入装有食材的大碗，中火蒸约8分钟至熟透。

5.关火后取出蒸好的食材即成。

银耳含有蛋白质、维生素D、膳食纤维、铁等营养成分，具有补脾开胃、益气清肠、滋阴润肺等功效，与味道甜美的枇杷熬汤食用，会令人食欲大增。

枇杷银耳汤

◐ 原料：

枇杷100克，水发银耳260克

◐ 调料：

白糖适量

◐ 做法：

1.洗净的枇杷去除头尾，去皮，把果肉切开，去核，切成小块。

2.洗好的银耳切去根部，再切成小块。

3.锅中注入适量水烧开，倒入枇杷、银耳，搅拌均匀。

4.盖上盖，烧开后用小火煮约30分钟至食材熟透。

5.揭开盖，加入白糖，搅拌匀，用大火略煮片刻至其溶化。

6.关火后盛出煮好的银耳汤即可。

排骨含有蛋白质、维生素、磷酸钙、骨胶原、骨黏蛋白等，具有益气补血、强壮身体的功效；红薯能刺激肠胃蠕动、化食去积，儿童可经常食用。

红薯炖猪排

◐ 原料：

红薯200克，排骨块250克，姜片30克

◐ 调料：

盐、鸡粉各2克，料酒、食用油各适量

◐ 做法：

1.洗净的红薯去皮，切丁，备用。

2.锅中注入适量水烧开，倒入排骨块，加入料酒，煮沸。

3.用锅勺捞去锅中浮沫，把汆煮好的排骨捞出，待用。

4.砂锅中注入适量水烧开，放入汆好的排骨、红薯丁，搅拌匀。

5.烧开后用小火炖40分钟，至食材熟烂，加盐、鸡粉，用锅勺搅匀调味。

6.将炖煮好的食材盛出，装碗即可。

核桃枸杞肉丁

◗原料：

核桃仁40克，瘦肉120克，枸杞子5克，姜片、蒜末、葱段各少许

◗调料：

盐、鸡粉各少许，食粉2克，料酒4毫升，水淀粉、食用油各适量

◗做法：

1.洗净的瘦肉切丁，加盐、鸡粉、水淀粉、食用油腌渍入味；锅中水烧开，加食粉、核桃仁，焯煮1分30秒后捞出。

2.把放凉的核桃仁去除外衣，装盘待用。

3.锅中油烧热，倒入核桃仁，炸出香味，捞出；锅留底油，放姜片、蒜末、葱段，倒入瘦肉丁，炒至转色，淋料酒，倒入枸杞子，加盐、鸡粉，放入核桃仁，炒匀，盛出。

营养功效

猪肉含有丰富的优质蛋白和人体必需的脂肪酸，与具有健脑益智功效的核桃搭配食用，对食欲不佳及厌食、挑食的儿童具有较好的补益作用。

红薯板栗红烧肉

◗原料：

红薯块165克，板栗肉120克，五花肉175克，姜片、桂皮、八角、葱段各少许

◗调料：

盐、鸡粉各2克，老抽3毫升，生抽5毫升，料酒8毫升，食用油适量

◗做法：

1.洗净的五花肉切成小块。

2.锅中水烧开，倒入五花肉块，淋料酒，用中火煮一会儿，汆去血水，捞出。

3.用油起锅，放肉块，倒入姜片、桂皮、八角、葱段，淋老抽，炒至上色。

4.注入水，烧开后小火煮30分钟；淋料酒，倒入红薯块、板栗肉，煮至熟透；加调料调味，续煮至入味，盛出即可。

营养功效

板栗含有蛋白质、维生素B_1、维生素C、叶酸、钾、铜、镁、铁、磷等营养成分，具有健脾胃、益气补肾、壮腰强筋等功效，适合儿童食用。

秋季润肺补脾食谱荟萃

关注“掌厨”——更多秋季润肺补脾食谱可在“掌厨”中找到

- 五彩鸡米花
- 清炒时蔬鲜虾
- 苦瓜炒马蹄
- 上汤枸杞娃娃菜
- 家常蒸带鱼
- 玉米油菜汤
- 家常蔬菜蛋汤
- 白玉金银汤
- 白萝卜肉丝汤
- 银耳山药甜汤
- 西红柿炒口蘑
- 虾仁西蓝花
- 海藻鸡蛋饼
- 韭菜炒鳝丝
- 芝麻莴笋
- 蒸肉豆腐
- 豆渣丸子
- 软炒蚝蛋
- 虾米炒茭白
- 芥蓝腰果炒香菇
- 香芋蒸排骨
- 白萝卜肉丝汤
- 肉松鲜豆腐
- 西红柿烧牛肉
- 鹌鹑蛋烧板栗
- 马齿苋薏米绿豆汤
- 蒜泥蒸茄子
- 薏米炖冬瓜
- 黄瓜拌玉米笋
- 黄花菜鲫鱼汤
- 莲藕萝卜排骨汤
- 薏芡冬瓜排骨汤
- 胡萝卜猪蹄汤
- 带鱼南瓜汤
- 白汤鲫鱼
- 清蒸冬瓜生鱼片
- 果汁生鱼卷
- 清蒸草鱼
- 素炒黄豆芽
- 南瓜炒牛肉
- 芝麻拌芋头
- 虾丁豆腐
- 甜椒紫甘蓝拌木耳
- 鱼丸炖鲜蔬
- 奶香牛骨汤

冬季益气养脾

随着气温的逐渐降低，“养藏”的冬季来临了。“藏”即储藏体内的精气神。在五脏之中，肾为主藏的脏腑，肾脏中精气充足，来年的身体才会健康；若肾脏虚弱，就无法调节机体适应寒冬的变化。而肾气又需要脾化生的气血来提供营养，寒冷的冬季是脾胃容易失和的季节，进补的同时养护脾胃，这样才能够很好地将营养物质转化为能量储存在体内，增强御寒能力，提高抗病能力。因此，冬季儿童饮食调养以补肾、益脾为主。

饮食指南

1.冬季饮食要以温热为主，多吃些狗肉、羊肉、桂圆、芝麻、韭菜等温热性食物，少吃冷饮、海鲜等寒性食物。

2.多吃富含维生素的食物。维生素A能增强人体耐寒力，维生素C可提高人体对寒冷的适应能力，并对血管有良好的保护作用。除绿叶蔬菜外，还可多吃红薯、马铃薯等薯类食物，它们均富含维生素C、B族维生素和维生素A。

3.宜适当用植物蛋白如豆浆、豆腐、豆花及杂豆类食物替代部分动物性食品，以帮助平衡蛋白质的种类、促进蛋白质吸收、增加膳食纤维、减少“积食”发生的可能。

4.冬季宜多炖煮少生冷。避免食用油炸、生冷、寒凉的食物，最好以煲菜类、烩菜类、炖菜类、蒸菜类等为主。

宜吃食物

大白菜、银耳、木耳、白萝卜、枸杞子、核桃、狗肉、羊肉、牛肉、红薯、莲藕、冬笋、柑橘、香蕉、桂圆、柚子、黑芝麻等。

温馨提示

1.冬日寒潮多，气温变化大，孩子易着凉、感冒，甚至引起肺炎、急性肾炎等疾病，因此冬季要注意儿童的保暖，避免着凉。特别是在孩子玩耍出汗后，要做好防寒保暖工作。

2.坚持户外活动。进行适度的运动可增强儿童体质，提高其抵抗寒冷、疾病的能力。

3.定时通风换气。冬季室内外往往温差过大，湿度相对较低，加上窗门紧闭，室内空气流通差，居室内的微生物密度较高，一些致病菌和病毒很容易侵入到小儿体内。因此，即使是在寒冷的冬季，也要定时开窗换气，加大室内湿度。

4.冬季寒冷干燥，儿童皮肤中水分散失多，皮脂腺分泌少，皮肤易干裂发痒，妈妈们要让孩子多吃蔬果、多喝开水，并常用温水洗手、洗脸，再适当涂点护肤霜。

豆腐质地细腻、口感极佳，含蛋白质、维生素B_1等营养成分，具有补中益气、清热润燥等功效；与冬季常吃的白菜一同煮汤食用，味道非常鲜美。

白菜豆腐汤

原料：

豆腐260克，小白菜65克

调料：

盐2克，芝麻油适量

做法：

1.洗净的小白菜切除根部，再切成丁。

2.洗好的豆腐切片，再切成细条，改切成小丁块，备用。

3.锅中注入适量水烧开，倒入切好的豆腐、小白菜，搅拌匀。

4.盖上盖，烧开后用小火煮约15分钟至食材熟软。

5.揭开盖，加入盐、芝麻油，拌匀调味。

6.关火后盛出豆腐汤即可。

羊肉鲜嫩，营养价值高，最适宜儿童在冬季食用，不仅可促进血液循环、增加人体热量，还能增加消化酶、帮助消化，可谓是冬季进补的佳品。

清炖羊肉汤

原料：

羊肉块350克，甘蔗120克，白萝卜150克，姜片20克

调料：

料酒20毫升，盐3克，鸡粉、胡椒粉各2克，食用油适量

做法：

1.洗净去皮的白萝卜切段。

2.锅中注水烧开，倒入洗净的羊肉块，淋料酒，煮1分钟，汆去血水，捞出。

3.砂锅注水烧开，倒入羊肉块、甘蔗段、姜片，淋料酒，用小火炖至食材熟软。

4.倒入白萝卜，小火续煮20分钟，至白萝卜软烂，加盐、鸡粉、胡椒粉调味，转中火续煮片刻，搅匀至食材入味。

5.将煮好的羊肉汤盛出即可。

芝麻土豆丝

◐ **原料：**

土豆180克，香菜20克，熟芝麻15克，蒜末少许

◐ **调料：**

盐2克，白糖3克，陈醋8毫升，食用油适量

◐ **做法：**

1.洗好的香菜切成末，土豆切成细丝。
2.锅中水烧开，加盐、食用油，倒入土豆丝，搅拌匀，煮至断生，捞出。
3.用油起锅，放入蒜末，倒入土豆丝，翻炒匀，淋入陈醋，加盐、白糖，炒匀，撒上香菜末，快速翻炒一会儿，至食材散出香味。
4.关火后盛出炒好的食材，装入盘中，撒上熟芝麻即成。

营养功效

土豆含有丰富的膳食纤维，可促进胃肠蠕动、疏通肠道；芝麻含丰富的蛋白质、膳食纤维、维生素B_1等营养成分，对儿童具有较好的食疗作用。

香菇炒冬笋

◐ **原料：**

鲜香菇60克，竹笋120克，红椒10克，姜片、蒜末、葱花各少许

◐ **调料：**

盐、鸡粉各3克，料酒4毫升，水淀粉、生抽、老抽、食用油各适量

◐ **做法：**

1.洗净的香菇、红椒切小块，洗净的竹笋切片。
2.锅中注水烧开，加盐、鸡粉、食用油，倒入竹笋、香菇，煮至八成熟，捞出。
3.用油起锅，放入姜片、蒜末、葱花、红椒，倒入竹笋、香菇，淋料酒，炒匀炒香，加生抽、老抽、盐、鸡粉，炒匀调味。
4.倒入水淀粉勾芡，盛出即可。

营养功效

冬笋质嫩味鲜、清脆爽口，含有丰富的蛋白质、维生素及钙、磷、铁等营养成分，能促进肠道蠕动，具有开胃健脾的功效。

推荐食谱

银耳拌芹菜

◐原料：

水发银耳180克，木耳40克，芹菜30克，枸杞子5克，蒜末少许

◐调料：

食粉、盐各2克，鸡粉3克，生抽3毫升，辣椒油、芝麻油、陈醋各2毫升，食用油适量

◐做法：

1.泡好的银耳切去黄色根部，切小块。

2.锅中注水烧开，加入食用油，倒入芹菜、木耳，焯熟后捞出；沸水锅中加入食粉，倒入银耳、枸杞，焯熟后捞出。

3.银耳、枸杞子倒入碗中，放芹菜、木耳、蒜末，加盐、鸡粉，淋生抽、辣椒油、芝麻油、陈醋，拌匀，盛出即可。

营养功效

芹菜营养价值高，可促进胃液分泌，增进儿童食欲；银耳具有补脾开胃、滋阴润肺的作用，儿童经常食用可增强免疫力，以抵御冬季严寒。

推荐食谱

木耳炒鸡片

◐原料：

木耳40克，鸡胸肉100克，彩椒40克，姜片、蒜末、葱段各少许

◐调料：

盐、鸡粉各3克，生抽、料酒、水淀粉、食用油各适量

◐做法：

1.木耳、彩椒切小块；鸡胸肉切片，加盐、鸡粉、水淀粉、食用油腌渍。

2.锅中水烧开，加油、盐，放彩椒、木耳，煮约1分钟至断生，捞出。

3.热锅油烧热，放入鸡片，滑油至变色，捞出；锅底留油，放姜片、蒜末、葱段、木耳、彩椒，倒入鸡片，淋料酒，炒香，加生抽、盐、鸡粉、水淀粉，炒匀，盛出。

营养功效

木耳营养丰富、味道鲜美，具有益气补血、强壮身体的功效，与彩椒、鸡胸肉搭配食用，能增强食物的风味，非常适合儿童在冬季食用。

胡萝卜丝拌香菜

◐ 原料：

胡萝卜200克，香菜85克，彩椒10克

◐ 调料：

盐、鸡粉、白糖各2克，陈醋6毫升，芝麻油7毫升

◐ 做法：

1.洗净的香菜切长段；洗好的彩椒切细丝；洗好去皮的胡萝卜切段，再切薄片，改切成细丝，备用。

2.取一个碗，倒入胡萝卜、彩椒，放入香菜梗，拌匀。

3.加盐、鸡粉、白糖、陈醋、芝麻油，拌匀，腌渍约10分钟。

4.加入香菜叶，拌匀。

5.将拌好的食材盛入盘中即成。

营养功效

香菜营养丰富，水分含量高，且富含维生素C，能促进胃肠蠕动，具有开胃醒脾的作用，与爽脆鲜香的胡萝卜丝搭配，即便是挑食的孩子也会胃口大开。

萝卜马蹄煲老鸭

◐ 原料：

胡萝卜200克，鸭肉块300克，马蹄肉100克，姜片少许，高汤适量

◐ 调料：

盐、鸡粉各2克，食用油适量

◐ 做法：

1.砂锅中倒入油，开小火，放入姜片，爆香。

2.锅中倒入胡萝卜、马蹄，翻炒匀，倒入高汤，大火煮开后调至小火，备用。

3.锅中水烧开，放入洗净的鸭肉，搅拌匀，煮2分钟，搅拌匀，汆去血水，捞出。

4.将鸭肉放入砂锅中，大火煮开后调至小火，焖煮3小时至熟透，加盐、鸡粉，搅拌至入味，盛出即可。

营养功效

鸭肉营养价值高，具有滋补、养胃、补肾、止咳化痰等作用，儿童可常食。在鸭肉中加入胡萝卜和马蹄，能增加鸭肉的鲜香味，令孩子食欲大增。

糖醋辣白菜

原料：

白菜150克，红椒30克，花椒、姜丝各少许

调料：

盐3克，陈醋15毫升，白糖2克，食用油适量

做法：

1.洗净的红椒切细丝；白菜切去根部和多余的菜叶，将菜梗切粗丝；取大碗，放入菜梗、菜叶，加盐，腌渍30分钟。

2.用油起锅，倒入花椒，爆香，捞出；倒入姜丝、红椒丝，翻炒片刻，盛出。

3.锅底留油烧热，加陈醋、白糖，炒至白糖溶化，倒出汁水，装入碗中。

4.腌好的白菜洗去多余盐分，沥干后装碗，倒入汁水，撒上红椒丝和姜丝即可。

营养功效

白菜含有蛋白质、胡萝卜素、维生素C、钙、磷、铁等营养成分，其含有的膳食纤维不但能润肠胃，还能刺激肠胃蠕动、帮助消化。

推荐食谱

麻油萝卜丝

原料：

白萝卜160克，胡萝卜75克，干辣椒、花椒各少许

调料：

盐、鸡粉各2克，白糖少许，陈醋8毫升，食用油适量

做法：

1.洗净去皮的白萝卜、胡萝卜切细丝。

2用油起锅，放入备好的干辣椒、花椒，小火炸出香味，制成麻辣味汁。

3.取一个大碗，倒入切好的食材，加盐、鸡粉，搅拌至完全溶化。

4.再盛入麻辣味汁，淋入陈醋，撒上白糖，搅拌均匀，至食材入味。

5.另取一盘，盛入拌好的菜肴即成。

营养功效

白萝卜含蛋白质、膳食纤维、胡萝卜素、B族维生素等营养成分，具有增强免疫力、帮助消化、促进营养吸收等功效。本品非常有利于增进儿童食欲。

萝卜炖牛肉

原料：

胡萝卜120克，白萝卜230克，牛肉270克，姜片少许

调料：

盐2克，老抽2毫升，生抽、水淀粉各6毫升

做法：

1.洗净去皮的白萝卜、胡萝卜切成大块，洗好的牛肉切块，备用。

2.锅中注水烧热，放入牛肉、姜片，拌匀，加入老抽、生抽、盐，煮开后用中小火煮30分钟，倒入白萝卜、胡萝卜，用中小火煮15分钟。

3.再倒入水淀粉，煮至食材熟软入味；关火后盛出煮好的菜肴即可。

营养功效

牛肉含有蛋白质、维生素A、维生素B_6、钙、磷、铁等营养成分，有补中益气、滋养脾胃的作用；与萝卜搭配食用，香气四溢，是很好的下饭菜。

嫩牛肉胡萝卜卷

原料：

牛肉270克，胡萝卜60克，生菜45克，西红柿65克，鸡蛋1个，面粉适量

调料：

盐3克，胡椒粉少许，料酒4毫升，橄榄油适量

做法：

1.洗净去皮的胡萝卜切薄片，洗好的生菜切除根部，西红柿切薄片。

2.洗好的牛肉切片，打入蛋清，加盐、料酒、面粉、橄榄油，腌渍10分钟；胡萝卜片加盐、胡椒粉，腌渍10分钟。

3.锅中油烧热，放入肉片，撒胡椒粉，煎至七八成熟，盛出；肉片上放入西红柿、生菜、胡萝卜，卷成卷儿即成。

营养功效

牛肉味道鲜美，其蛋白质含量高而脂肪含量低，是冬季进补的佳品。这道菜不仅保证了牛肉的鲜嫩，还加入了胡萝卜的鲜甜，非常适合挑食的儿童食用。

木耳香菇蒸鸡

◐原料：

土鸡肉块300克，水发木耳100克，鲜香菇50克，姜片、葱花各少许

◐调料：

盐、鸡粉各2克，生抽4毫升，料酒6毫升，水淀粉、食用油各适量

◐做法：

1.洗净的香菇切块，木耳洗净，备用。

2.碗中放入鸡肉块，加料酒、鸡粉、盐、生抽、水淀粉，倒入香菇、木耳、姜片，淋食用油，拌匀，腌渍约10分钟。

3.取蒸盘，倒入腌渍好的食材，码放好；蒸锅注水烧开，放入蒸盘，中火蒸约25分钟，至熟透。

4.关火后取出蒸盘，撒上葱花即成。

营养功效

香菇富含B族维生素、铁及维生素D原，具有益胃助食的作用；与具有增强体力、强壮身体之功效的鸡肉搭配食用，有利于儿童消化和对营养的吸收。

推荐食谱

菌菇冬笋鹅肉汤

◐原料：

鹅肉500克，茶树菇90克，蟹味菇70克，冬笋80克，姜片、葱花各少许

◐调料：

盐、鸡粉各2克，料酒20毫升，胡椒粉、食用油各适量

◐做法：

1.洗好的茶树菇切段，蟹味菇切去老茎，洗净的冬笋切片。

2.开水锅中倒入鹅肉，淋料酒，汆去血水，捞出，沥干水分，备用。

3.砂锅中注水烧开，倒入鹅肉，放姜片，淋料酒，小火炖30分钟；倒入其余食材，小火炖20分钟至熟透；加盐、鸡粉、胡椒粉，搅拌至入味；盛出即可。

营养功效

鹅肉含有人体所需的多种氨基酸、维生素、微量元素及不饱和脂肪酸，并且脂肪含量很低，具有补阴益气、暖胃生津等功效，适合儿童冬季食用。

萝卜豆腐炖羊肉汤

羊肉营养丰富，对脾胃虚冷、气血不足等症具有较好的食疗作用。冬季适量食用羊肉，不仅可改善食欲，而且还能增强免疫力、提高身体的御寒能力。

◐原料：

羊肉100克，豆腐100克，白萝卜100克，姜片、葱段、香菜末各少许

◐调料：

盐、鸡粉各2克，胡椒粉3克，芝麻油适量

◐做法：

1.锅中注水烧开，放入洗净切好的羊肉，汆去血水，捞出，待用。

2.砂锅中注水烧开，放入汆过水的羊肉，加葱段、姜片，拌匀，中火煮约20分钟至熟。

3.放入洗净切块的豆腐和白萝卜，小火煮约20分钟至熟；加盐、鸡粉、胡椒粉、芝麻油调味，撒上香菜末，略煮片刻。

4.关火后盛出煮好的汤料即可。

白菜梗拌海蜇

海蜇口感爽脆、营养丰富，具有清热解毒、化痰软坚之功效；与白菜搭配食用，别有一番风味，可刺激孩子的味觉，使其胃口大开。

◐原料：

海蜇200克，白菜150克，胡萝卜40克，蒜末、香菜各少许

◐调料：

盐1克，鸡粉2克，料酒、陈醋各4毫升，芝麻油6毫升，辣椒油5毫升

◐做法：

1.白菜、胡萝卜切细丝，香菜切碎，海蜇切丝，备用。

2.锅中水烧开，倒入海蜇丝，淋入料酒，拌匀，煮约1分钟，放入白菜丝、胡萝卜丝，煮约半分钟至熟软，捞出。

3.将材料倒入碗中，撒上蒜末、香菜，加盐、鸡粉、陈醋、芝麻油、辣椒油，搅拌至入味，盛出拌好的食材即可。

冬季益气养脾食谱荟萃

关注“掌厨”——更多冬季益气养脾食谱可在“掌厨”中找到

▶ 香菜炒羊肉	▶ 韭菜黄豆炒牛肉	▶ 桑葚乌鸡汤
▶ 爆炒猪肚	▶ 大头菜小炒香干	▶ 青萝卜炖鸭
▶ 鸡肉蒸豆腐	▶ 茄汁猪排	▶ 猴头菇炖排骨
▶ 扁豆炒鸡丝	▶ 红烧白萝卜	▶ 红枣莲藕炖排骨
▶ 菌菇豆腐汤	▶ 芡实炖老鸭	▶ 西红柿煮口蘑
▶ 萝卜鱼丸汤	▶ 红腰豆鲫鱼汤	▶ 丝瓜煮荷包蛋
▶ 猪肝豆腐汤	▶ 肉泥洋葱饼	▶ 西红柿炒山药
▶ 慈姑炒藕片	▶ 土豆胡萝卜菠菜饼	▶ 山药冬瓜汤
▶ 尖椒虾皮	▶ 芹菜炒蛋	▶ 白玉菇花蛤汤
▶ 冬笋拌豆芽	▶ 冬瓜蒸鸡	▶ 无花果牛肉汤
▶ 肉末炒芥蓝	▶ 虾丁豆腐	▶ 紫菜南瓜汤
▶ 白萝卜拌金针菇	▶ 南瓜拌核桃	▶ 芹菜烧豆腐
▶ 蛤蜊豆腐炖海带	▶ 芝麻拌芋头	▶ 西红柿土豆炖牛肉
▶ 鲢鱼丝瓜汤	▶ 鸡汤肉丸炖白菜	▶ 水煮鳝鱼
▶ 鸡肉包菜汤	▶ 枸杞羊肉汤	▶ 肉末炒青菜

妈妈必修课

孩子不爱吃饭，做父母的免不了担心孩子的营养问题。如果孩子摄取的营养不全面、长期缺乏某种或多种营养素的话，势必会影响到孩子的正常发育。因此，在孩子的日常饮食中，营养的搭配和摄取非常重要。本章根据食材的不同营养功效，为孩子制定出健脾养胃餐、健脑益智餐、增高助长餐等多种营养功能餐，在力求每道菜能为孩子带来营养的同时，也可以让孩子食欲大增，吃饭香香。

营养功能餐，尽在特色下饭菜

健脾养胃

开胃消食

清肝明目

健脑益智

补铁健体

增高助长

增强免疫力

健脾养胃

中医学认为“脾为后天之本”，是气血生化之源；“胃为水谷之海”，是受纳、腐熟水谷之地。小儿“脾常不足”，其消化吸收功能易为饮食所伤，很容易因脾胃功能失调而出现呕吐、腹泻等消化道疾病。脾胃功能不足，就难以营养全身，进而影响正常生长发育，而饮食调养是保养脾胃的关键。

饮食新主张

1.定时定量进餐，遵循早餐吃好、午餐吃饱、晚餐吃少的原则，避免过饥或过饱，以维持胃有规律地收缩、蠕动、排空以及分泌消化液的功能。

2.饭前喝汤，胜过良方。饭前先喝几口汤，可防止干硬食物刺激消化道黏膜，保护消化系统健康。一般，中晚餐以半碗汤为宜，早餐可多喝一点。

3.可适当选择甜味食物和豆类，如山药、红枣、葡萄、甘蔗、香蕉、黄豆、绿豆等。

4.温度适宜。饮食的温度应以“不凉不烫”为度。食物过热会对口腔、胃黏膜造成损害；儿童脾胃较弱，如果饮食过冷，会影响脾胃功能，造成腹泻、大便稀薄、消化不良、抵抗力差等问题。

5.少吃油炸食物，以免增加胃肠负担。

6.少吃辛辣刺激性食物。此类食物对消化道黏膜有较强的刺激性，易引起腹泻或消化道炎症，如胡椒、花椒等。

宜吃食物

大米、玉米、薏米、包菜、山药、白萝卜、西红柿、黄豆、绿豆、豆角、扁豆、香菇、鸡肉、鹌鹑、猪肚、鳝鱼、草鱼、山楂、苹果、木瓜等。

保健小贴士

1.注意保暖。胃喜暖怕冷，儿童身体娇弱，尤其应注意保暖、避风寒，不能让腹部受凉，即便在炎夏，睡觉也要盖薄被护腹。

2.适度按摩。在每晚睡觉之前，让孩子躺在床上，用双手按摩上下腹部，来回往复40~50次，不仅可促进消化，还对脾胃有良好的保健作用。

3.保持良好的情绪。积极乐观的情绪，有助于保持胃肠道正常的消化功能，父母尤其不要在饭前或餐桌上批评教育孩子。

淡菜萝卜豆腐汤

原料：

豆腐200克，白萝卜180克，水发淡菜100克，香菜、枸杞子、姜丝各少许

调料：

盐、鸡粉各2克，料酒4毫升，食用油少许

做法：

1.去皮的白萝卜切小丁块，豆腐切小方块，香菜切小段。

2.砂锅中注水烧开，放入淡菜，倒入萝卜块，撒上姜丝，淋入料酒。

3.煮沸后用小火煮约20分钟，至萝卜块熟软，放入枸杞子、豆腐块，搅拌匀。

4.再加盐、鸡粉，搅匀，煮至食材熟透。

5.淋入食用油，搅匀，续煮一会儿，装入汤碗中，撒上香菜即成。

专家点评

豆腐为补益清热的养生食品，能补中益气、和脾胃，萝卜富含粗纤维，能促进胃肠蠕动、加强食物的消化，两者搭配食用，有益于儿童的生长发育。

推荐食谱

洋葱炒鳝鱼

原料：

鳝鱼200克，洋葱100克，圆椒55克，姜片、蒜末、葱段各少许

调料：

盐3克，料酒16毫升，生抽10毫升，水淀粉9毫升，芝麻油3毫升，鸡粉、食用油各适量

做法：

1.洋葱、圆椒、鳝鱼切成小块。

2.鳝鱼加盐、料酒、水淀粉，腌渍10分钟；开水锅中倒入鳝鱼，搅匀，捞出，沥干。

3.炒锅中倒入食用油烧热，放姜片、蒜末、葱段，倒入圆椒、洋葱，炒匀。

4.放入鳝鱼，炒匀，淋入料酒、生抽，加盐、鸡粉，炒匀调味，倒入水淀粉，炒匀，倒入芝麻油，炒香，装盘即成。

专家点评

洋葱含有葱蒜辣素，可刺激胃酸分泌，增进食欲，改善脾胃虚弱带来的食欲不振，而鳝鱼富含优质蛋白，是儿童生长发育必不可少的物质。

节瓜西红柿汤

◐原料：

节瓜200克，西红柿140克，葱花少许

◐调料：

盐2克，鸡粉少许，芝麻油适量

◐做法：

1.将洗好的节瓜切开，去除瓜瓤，再改切段。

2.洗净的西红柿切开，再切小瓣。

3.锅中注入适量水烧开，倒入切好的节瓜、西红柿。

4.搅匀，大火煮约4分钟，至食材熟软。

5.加入盐、鸡粉，注入芝麻油，拌匀，略煮。

6.关火后盛出煮好的西红柿汤，装在碗中，撒上葱花即可。

专家点评

西红柿含有胡萝卜素、维生素C、钙、铁等营养成分，节瓜富含维生素C和维生素E，此道菜具有健胃消食、清热解毒、补钙、补血等功效。

推荐食谱

姜汁芥蓝烧豆腐

◐原料：

芥蓝300克，豆腐200克，姜汁40毫升，蒜末、葱花各少许

◐调料：

盐、鸡粉各4克，生抽3毫升，老抽2毫升，蚝油8克，水淀粉8毫升，食用油适量

◐做法：

1.芥蓝梗切成段，豆腐切小块。

2.开水锅中倒入姜汁、食用油，放盐、鸡粉，焯煮芥蓝，捞出，沥干。

3.煎锅注油烧热，放入盐、豆腐块，煎出焦香味，翻面，煎至金黄色，装盘。

4.用油起锅，放蒜末、水、盐、鸡粉、生抽、老抽、蚝油，煮沸；用水淀粉勾芡。

5.浇在豆腐和芥蓝上，撒葱花即成。

专家点评

姜汁能开胃健脾、增进食欲，芥蓝中含有有机碱，能刺激人的味觉神经，增进食欲，还可加快胃肠蠕动，有助于消化，此膳食是健脾养胃的食疗佳品。

推荐食谱

金针菇炒肚丝

◐原料：

猪肚150克，金针菇100克，红椒20克，香叶、八角、姜片、蒜末、葱段各少许

◐调料：

盐、鸡粉、料酒、生抽、水淀粉、食用油各适量

◐做法：

1.锅中注入约700毫升水烧开，倒入香叶、八角、猪肚。

2.再放盐、料酒、生抽，搅匀，煮沸后用小火煮约30分钟，捞出，放凉。

3.金针菇去根部，红椒切细丝，猪肚切粗丝；用油起锅，放入姜片、蒜末、葱段，爆香，再放入金针菇，炒匀。

4.倒入猪肚、红椒丝，炒熟，转小火，加盐、鸡粉、生抽、水淀粉，炒匀，装盘即成。

专家点评

猪肚即猪胃，有补虚损、健脾胃的功效；金针菇含有人体必需的多种氨基酸和锌元素，对儿童的身高和智力发育有良好的作用。

推荐食谱

猴头菇玉米排骨汤

◐原料：

水发猴头菇70克，玉米棒120克，排骨300克，葱条、姜片各少许

◐调料：

盐、鸡粉各2克，料酒5毫升

◐做法：

1.洗好的猴头菇切成小块。

2.开水锅中放入洗净的排骨，加入姜片、葱条，淋入料酒，搅匀，煮至沸。

3.撇去浮沫，再氽煮片刻，放入猴头菇，拌匀，煮至沸，捞出，沥干。

4.砂锅中倒入适量水烧开，倒入焯过水的食材，加入洗净的玉米棒。

5.烧开后用小火炖至食材熟透。

6.加鸡粉、盐，搅至食材入味，装碗即成。

专家点评

玉米性甘，味平，营养丰富，有开胃、健脾、消食、利尿的作用；猴头菇中含有增强免疫力的物质，儿童常食，能增强抗病能力、预防感冒。

黄豆具有健脾宽中、润燥消水、清热解毒、益气的功效；白醋能促进唾液和胃液的分泌、帮助消化吸收、使食欲旺盛，两者搭配，能健脾养胃。

醋泡黄豆

◐原料：

水发黄豆200克

◐调料：

白醋200毫升

◐做法：

1.取一个洗净的玻璃瓶，将洗净的黄豆倒入瓶中。

2.加入白醋。

3.盖上瓶盖，置于干燥阴凉处，浸泡1个月，至黄豆颜色发白。

4.打开瓶盖，将泡好的黄豆取出，装入碟中即可。

木瓜含有多种消化酶，有开胃消食的作用，柠檬汁的酸味也能很好地刺激胃液分泌，两者都能健脾养胃，且花生中的不饱和脂肪酸有助于儿童的大脑发育。

凉拌木瓜

◐原料：

木瓜300克，柠檬汁250毫升，花生末20克，蒜末少许

◐调料：

盐2克，白糖3克

◐做法：

1.洗好去皮的木瓜切成块，再切成片，备用。

2.锅中注入适量水烧开，放入盐，倒入木瓜，搅拌匀，煮1分钟。

3.将煮好的木瓜捞出，沥干水分；把木瓜装入碗中，倒入蒜末。

4.放入盐、白糖，加入柠檬汁，搅拌片刻，使其入味；盛出拌好的食材，装入盘中，撒上花生末即可。

胡萝卜的营养价值很高，有健脾和胃、补肝明目、清热解毒等功效，对于肠胃不适的儿童有较好的食疗作用，常食鹌鹑，还能补中益气。

胡萝卜鹌鹑汤

◐ 原料：

鹌鹑肉200克，胡萝卜120克，猪瘦肉70克，姜片、葱花各少许

◐ 调料：

盐、鸡粉各2克，料酒5毫升

◐ 做法：

1.去皮的胡萝卜切滚刀块，猪瘦肉切丁，鹌鹑肉切小块。
2.锅中注水烧开，放入鹌鹑肉、瘦肉、料酒，大火汆煮约1分钟，捞出沥干。
3.砂锅中注水烧开，倒入鹌鹑肉、瘦肉、姜片、胡萝卜块、料酒，拌匀提味，煮沸后用小火煲煮至食材熟透。
4.加盐、鸡粉，拌匀，转中火续煮至汤汁入味；盛出，撒上葱花即成。

白萝卜和海带都是低热量的食物，不易造成胃肠负担，且都含有较高的膳食纤维，有助于胃肠蠕动、促进食物的消化，对儿童的脾胃有利。

白萝卜海带汤

◐ 原料：

白萝卜200克，海带180克，姜片、葱花各少许

◐ 调料：

盐、鸡粉各2克，食用油适量

◐ 做法：

1.去皮的白萝卜切成丝，海带切成丝。
2.用油起锅，放入姜片，爆香，倒入白萝卜丝，炒匀。
3.注入适量水，烧开后煮3分钟至熟。
4.稍加搅拌，倒入海带，拌匀，煮沸。
5.放入盐、鸡粉，用勺搅匀，大火煮沸。
6.把煮好的汤料盛出，装入碗中，放上葱花即可。

开胃消食

胃口不好、食欲不振和饭后难以消化都是儿童常见的情况，中医认为这是因为脾胃虚弱、肝胃不和或饮食不节造成的。儿童不爱吃饭且又消化不好，会直接影响营养物质的吸收，使正常生长发育受阻。那么，如何做才能让宝宝胃口棒棒呢？妈妈们可从开胃食材、饮食习惯等方面着手，通过科学饮食提高儿童的吃饭兴趣。

饮食新主张

1.选择开胃食材。增进食欲的食材主要分为三类，一类是富含锌、铁等微量元素的食物，如黑米、荞麦、香菇、木耳等；二类是本身有健胃消食作用的食物，如山楂、陈皮等；三类是颜色鲜艳的食物，如胡萝卜、黄瓜、西红柿等。

2.变换食物搭配。妈妈们可以通过改变食物的形状和颜色，来增强宝宝的食欲。如利用食物形状摆出不同造型，或制成有趣的动漫形象等。

3.注意补充盐分和维生素。出汗时会随水流失一些盐分，故应进行补充以维持机体的酸碱平衡，且还要多吃富含维生素的食物，如黄瓜、西瓜、西红柿等。

4.勿过食冷饮。炎热天气爱吃冷饮，但不可过多食用。冰激凌、雪糕等多是用牛奶、蛋粉、糖等制作而成的，过食会使胃肠温度下降，损伤脾胃，影响食欲。

5.不宜食用肥甘厚味及燥热之品。饮食调理宜以清补为原则，如鲫鱼、瘦猪肉、豆类、薏米、百合等。

宜吃食物

话梅、陈皮、山楂、荔枝、苹果、香蕉、小麦、黑米、荞麦、薏米、黄瓜、胡萝卜、山药、南瓜、红枣、鲫鱼、猪瘦肉、香菇、豆腐、木耳等。

保健小贴士

1.注意饮食卫生。饮食不净会使病原菌入侵身体，影响胃肠消化功能，降低食欲。应尽量选择新鲜不过夜的食材，加工宜熟透。若是制作凉菜，则可添加醋和蒜泥，做到调味和杀菌两不误。

2.纠正不良饮食习惯。妈妈们应督促孩子做到每天按时就餐，控制好就餐时间，一般不超过30分钟，还应监督孩子少吃零食。

3.保持轻松愉悦的就餐环境。尽量不要采取哄骗、恐吓等手段强迫孩子进餐，更不要强迫孩子吃饭。

酸菜土豆汤

◑ 原料：

土豆230克，酸菜150克，葱花少许

◑ 调料：

盐少许，鸡粉、胡椒粉各2克，芝麻油4毫升，生抽2毫升，食用油适量

◑ 做法：

1.酸菜切小丁块，去皮的土豆切薄片。

2.开水锅中倒入酸菜丁，拌匀，略煮，去除酸味，捞出，沥干。

3.用油起锅，倒入酸菜丁，炒干水分，再倒入土豆片，炒匀。

4.注入开水，加盐、鸡粉，拌匀调味。

5.烧开后用中火煮约5分钟，至食材熟透，淋入芝麻油、生抽，撒上胡椒粉。

6.搅匀，略煮，盛出，撒上葱花即可。

专家点评

土豆含有糖类、维生素、乳酸等营养成分，酸菜能增进食欲、帮助消化、促进儿童对铁元素的吸收。此汤具有健脾开胃、益气和中等功效。

红油豆腐鸡丝

◑ 原料：

鸡胸肉200克，豆腐230克，花椒、干辣椒、姜片、蒜末、葱花各少许

◑ 调料：

盐4克，鸡粉3克，豆瓣酱6克，辣椒油、水淀粉、生抽、食用油各适量

◑ 做法：

1.豆腐切小方块，鸡肉切丝加入盐、鸡粉、水淀粉，抓匀，倒入食用油，腌渍10分钟。

2.开水锅中加盐、鸡粉，焯煮豆腐，捞出；用油起锅，将鸡肉丝炒至变色，倒入姜片、蒜末、花椒、干辣椒、生抽、辣椒油、豆腐块，翻炒，加水、盐、鸡粉、豆瓣酱。

3.炒匀，煮至入味，大火收汁，倒入水淀粉，炒匀，装盘。

专家点评

鸡肉有健脾胃、助消化的作用，其丰富的优质蛋白还能增强儿童体质；豆腐含有蛋白质、维生素和矿物质等营养成分，能益气补虚、开胃消食。

香菇柿饼山楂汤

专家点评

山楂所含的解脂酶有促进胃液分泌的作用，可开胃消食、增进食欲；香菇是含有多种维生素的菌类食物，常吃能增强儿童免疫力。

◐原料：

鲜香菇45克，山楂90克，柿饼120克

◐调料：

冰糖30克

◐做法：

1.山楂去核，切小块；香菇切丁；柿饼切小块，备用。
2.砂锅中注入水烧开，倒入切好的山楂、香菇、柿饼。
3.用小火煮10分钟，至柿饼熟软，加入冰糖，搅拌匀。
4.续煮一会儿至冰糖溶化，用勺搅拌片刻，使汤汁更入味。
5.盛出煮好的汤料，装入碗中即可。

蒜子陈皮鸡

专家点评

陈皮有消食除胀的功效，适用于脘腹胀满、食少吐泻等症；大蒜能刺激食欲；彩椒可为儿童提供丰富的维生素C，三者搭配能理气健脾、燥湿化痰。

◐原料：

鸡腿250克，彩椒120克，鸡腿菇50克，水发陈皮6克，蒜头30克，姜片、葱段各少许

◐调料：

生抽、盐、鸡粉、水淀粉、料酒、食用油各适量

◐做法：

1.鸡腿菇、彩椒、鸡腿切小块；鸡块加生抽、盐、鸡粉、料酒、水淀粉抓匀上浆。
2.开水锅中倒油、盐、鸡腿菇、彩椒，焯煮片刻，捞出；油锅烧热，将蒜头和鸡块分别炸至微黄色，捞出。
3.油锅中倒入姜片、葱段，放陈皮、蒜头、鸡块、料酒、焯过水的食材，放盐、鸡粉、生抽，炒匀，倒入水淀粉，炒至入味，装盘。

专家点评

本品食材种类丰富、颜色鲜艳，能刺激儿童食欲，且苹果有调理肠胃的作用，而黄瓜与猕猴桃都是含维生素C丰富的食材，有助于儿童的生长发育。

猕猴桃苹果黄瓜沙拉

原料：

苹果120克，黄瓜100克，猕猴桃100克，牛奶20毫升

调料：

沙拉酱少许

做法：

1.将清洗干净的黄瓜切成片。
2.将清洗干净的苹果切成片，再改切成小块。
3.洗好去皮的猕猴桃切成片，备用。
4.把切好的食材装入备好的碗中。
5.倒入备好的牛奶，放入沙拉酱。
6.快速搅拌匀，至入味；取一个干净的盘子，盛入拌好的食材，摆好盘即成。

推荐
食谱

专家点评

浮小麦有养胃生津的作用，猪心有补虚、安神定惊、养心补血的功效，两种搭配对增进儿童食欲和促进营养物质的吸收非常有利。

浮小麦猪心汤

原料：

猪心250克，浮小麦10克，枸杞子10克，姜片20克

调料：

盐、鸡粉各2克，料酒20毫升，胡椒粉适量

做法：

1.猪心切片，放入开水锅中，搅散，淋入料酒，捞出，沥干。
2.砂锅中注入水烧开，放入浮小麦、枸杞子，撒入姜片。
3.放入汆过水的猪心，淋入料酒。
4.烧开后用小火煮40分钟，至食材熟透，放盐、鸡粉、胡椒粉。
5.搅至入味，盛出汤料，装碗即可。

胡萝卜鸡蛋羹

◐原料：

鸡蛋1个，胡萝卜100克，葱花少许

◐调料：

盐、鸡粉各2克，芝麻油2毫升，水淀粉20毫升，食用油少许

◐做法：

1.鸡蛋打散、调匀，制成蛋液；胡萝卜切粒，倒入开水锅中。

2.加盐、鸡粉，再淋入食用油，搅拌匀，略煮，至汤汁沸腾。

3.淋入水淀粉，搅至汤汁黏稠。

4.再倒入蛋液，搅匀，至液面浮起蛋花；淋上芝麻油，拌匀，续煮至汤羹入味。

5.盛出煮好的鸡蛋羹，撒上葱花即可。

专家点评

胡萝卜具有补中气、宽五脏、健胃消食的功效，鸡蛋营养丰富而全面，既有助于儿童胃口大开，还对其身高增长大有裨益。

鸡肉拌南瓜

◐原料：

鸡胸肉100克，南瓜200克，牛奶80毫升

◐调料：

盐少许

◐做法：

1.南瓜切成丁，鸡肉装入碗中，放入盐，加少许水；烧开蒸锅，将南瓜和鸡肉分别蒸熟。

2.取出蒸熟的鸡肉、南瓜，用刀把鸡肉拍散，撕成丝。

3.将鸡肉丝倒入碗中，放入南瓜，加入牛奶，拌匀。

4.将拌好的材料盛出，装入盘中。

5.再淋上少许牛奶即可。

专家点评

鸡肉含有蛋白质、维生素和矿物质等营养物质，能开胃消食，且牛奶含钙丰富，对儿童骨骼和牙齿的发育也有利，还可进一步提高其咀嚼能力。

胡萝卜炒香菇片

专家点评

此膳食营养丰富、色泽诱人，能提高儿童食欲，且清淡易消化，不会造成脘腹胀满；胡萝卜中的胡萝卜素还对儿童的视力发育非常有利。

原料：

胡萝卜180克，鲜香菇50克，蒜末、葱段各少许

调料：

盐3克，鸡粉2克，生抽4毫升，水淀粉5毫升，食用油适量

做法：

1.胡萝卜、香菇切成片；开水锅中加盐、食用油、胡萝卜片，煮约半分钟。

2.再放入切好的香菇，煮约1分钟，至其八成熟，捞出；用油起锅，放入蒜末、胡萝卜片和香菇，快速炒匀。

3.淋入生抽、盐、鸡粉，用水淀粉勾芡，撒上葱段，炒至食材熟透、入味。

4.盛出炒好的食材，装盘即成。

海藻海带瘦肉汤

专家点评

瘦肉富含优质蛋白，有开胃的作用；海藻的膳食纤维含量高，能促进胃肠蠕动，避免因食物堵塞肠道而影响儿童对营养物质的吸收。

原料：

水发海藻60克，水发海带70克，猪瘦肉85克，葱花少许

调料：

料酒4克，盐、鸡粉各2克，胡椒粉少许

做法：

1.海带切小块，猪瘦肉切薄片。

2.把肉片装入碗中，加入盐、水淀粉，拌匀，淋入料酒，拌匀，腌渍入味，备用。

3.开水锅中倒入备好的海带、海藻，拌匀，用大火煮至沸，放入肉片，拌匀，煮至熟透，加盐、鸡粉，拌匀。

4.取一个汤碗，撒上胡椒粉，盛入锅中的材料，点缀葱花即可。

中医认为“肝开窍于目”。眼睛视物清晰、灵活而有神采有赖于肝血的滋养，如果精血虚，不能上养于目，就会造成双目干涩、视物不清。合理的饮食可以滋养肝血，如维生素A能保护眼睛，预防夜盲症；维生素B_1能保护视神经，维持正常视力。因此，妈妈们可选择含上述营养元素的食材，达到清肝明目的目的。

饮食新主张

1.多吃乳制品、豆类、豆制品。这类食物富含维生素B_1，能提高视神经的功能、消除眼肌疲劳。如豆浆、牛奶等，容易消化吸收。

2.多吃牡蛎、蛤子、扇贝等贝类食物。这类食物富含牛磺酸，具有明目功效。但是贝类食物寒凉，脾胃虚弱的儿童不要多吃。吃贝类食物的时候要做熟透，不要吃半生不熟的，以免拉肚子。

3.多吃富含维生素C的水果。如刺梨、草莓、猕猴桃、柠檬等，能防止眼睛老化，让眼睛更加明亮。

4.注意营养均衡。护眼的饮食调理要以蛋白质、脂肪、糖类、水、膳食纤维、维生素和矿物质这七大营养素的均衡摄入为前提，只有这样才能保证机体各项机能的正常运转，包括视力发育。

5.少让儿童吃冰激凌、蛋糕、糖果等甜食。此类食物含较高的糖分，食用过多会影响钙的吸收，甚至引起渗透压改变而使晶状体变凸，导致近视。

宜吃食物

鸡肝、猪肝、蛋黄、胡萝卜、菠菜、虾、海带、牛奶、花生、橘子、深海鱼、海藻、鸡肉、猪瘦肉、牛肉、西蓝花、猕猴桃、草莓、豆角、白萝卜等。

保健小贴士

1.养成良好的用眼习惯。不要在强光或弱光下看书，不要走路看书，不要过度疲劳看书，不要俯卧看书。要保持正确的坐姿，书本与眼睛的间隔维持在50厘米左右，视线稍向下形成一定的角度。

2.加强锻炼和运动。体育锻炼可以增强全身气血运行，有利于眼部的健康。

3.多做眼保健操，疏通眼部经络。一般采取坐式或仰卧式，将两眼自然闭合，然后依次按摩眼睛周围的穴位。要求取穴准确，以局部有酸胀感为度。

猪肝炒木耳

◐原料：

猪肝180克，水发木耳50克，姜片、蒜末、葱段各少许

◐调料：

盐4克，鸡粉3克，料酒、生抽、水淀粉、食用油各适量

◐做法：

1.木耳切小块，猪肝切片；把猪肝装入碗中，加盐、鸡粉、料酒，抓匀腌渍入味。

2.开水锅中加盐，放入木耳，焯水1分钟至其八成熟，捞出。

3.用油起锅，放入姜片、蒜末、葱段，倒入猪肝，淋入料酒，放入木耳，炒匀。

4.加盐、鸡粉、生抽，炒匀，水淀粉勾芡，装盘即成。

专家点评

猪肝含有丰富的维生素A，对儿童的视力发育非常有利，常吃能预防儿童近视；黑木耳中的铁含量较高，有助于儿童补铁，可使面色红润。

推荐食谱

黑豆猪肝汤

◐原料：

水发黑豆100克，枸杞子6克，猪肝90克，姜片少许，小白菜60克

◐调料：

料酒2毫升，盐、鸡粉、食用油各适量

◐做法：

1.小白菜去根部，切成段；猪肝切片。

2.把猪肝片装入碗中，加入料酒、盐、鸡粉，抓匀，腌渍10分钟至入味。

3.开水锅中放入泡好的黑豆、洗净的枸杞子，烧开后用小火煮20分钟。

4.放入姜片、猪肝片，搅匀，煮沸。

5.放入鸡粉、盐，略煮，撇去浮沫，搅匀，注入食用油。

6.放入小白菜，煮至食材熟透，装碗。

专家点评

枸杞子含有丰富的胡萝卜素、多种维生素和钙、铁等使眼睛健康发育的必需营养物质，有明目之功，儿童常吃，还能预防夜盲症，且猪肝也能养肝明目。

苹果胡萝卜泥

原料：

苹果90克，胡萝卜120克

调料：

白糖10克

做法：

1.洗净去皮的苹果去核，切成小块，胡萝卜切成丁。

2.将装有苹果、胡萝卜的盘子分别放入烧开的蒸锅中。

3.用中火蒸15分钟至熟，取出。

4.取榨汁机，选择搅拌刀座组合，杯中放入蒸熟的胡萝卜、苹果。

5.再加入白糖，选择“搅拌”功能，搅成果蔬泥，装入干净的碗中，即可食用。

专家点评

胡萝卜含有较多的胡萝卜素，其在体内能转化成维生素A，对儿童的视力发育有益。苹果富含矿物质和维生素，是儿童补充营养物质的主要来源之一。

枸杞胡萝卜蚝肉汤

原料：

枸杞叶60克，生蚝肉300克，胡萝卜90克，姜片少许

调料：

盐、鸡粉、胡椒粉、料酒、食用油各适量

做法：

1.胡萝卜切薄片；生蚝肉加鸡粉、盐，淋入料酒，拌匀，静置约10分钟。

2.开水锅中倒入腌渍好的生蚝肉，搅匀，略煮，捞出，沥干。

3.开水锅中撒上姜片，放入胡萝卜片，淋入食用油，倒入生蚝肉，淋料酒，搅拌，加盐、鸡粉，搅匀调味。

4.用小火煮约4分钟，放入枸杞叶，煮至食材熟透，撒上胡椒粉，搅匀，煮至入味，装碗。

专家点评

枸杞叶和胡萝卜都是养肝明目的食疗佳品，而生蚝肉含有蛋白质、磷、锌、铁、碘、维生素D等营养成分，有滋阴养血、强身健体的作用。

西蓝花鸡片汤

◐原料:

西蓝花200克，鸡胸肉190克，姜片、枸杞子各少许

◐调料:

盐、鸡粉、水淀粉、食用油各适量

◐做法:

1.鸡胸肉切片，西蓝花切小块。
2.鸡肉片装入碗中，放入盐、鸡粉、水淀粉，抓匀，倒入食用油，腌渍10分钟至入味。
3.开水锅中放入食用油、盐、鸡粉，倒入西蓝花，放入姜片，搅匀。
4.煮约2分钟，倒入腌渍好的鸡肉片，搅匀，煮沸，放入洗净的枸杞子。
5.搅匀，捞去浮沫，略煮，装碗。

专家点评

西蓝花含有丰富的维生素C，能增强肝脏的解毒能力，鸡肉中富含优质蛋白，对儿童骨骼和肌肉组织的发育都非常有益。

三文鱼炒时蔬

◐原料:

三文鱼180克，芦笋95克，胡萝卜75克，杏鲍菇40克，奶酪35克

◐调料:

盐3克，胡椒粉、食用油各适量

◐做法:

1.芦笋切小段，胡萝卜、杏鲍菇切丁，奶酪、三文鱼切小块。
2.鱼丁加盐、胡椒粉，搅匀，腌渍入味。
3.开水锅中倒入杏鲍菇，略煮，放入胡萝卜，加盐、食用油，略煮，倒入芦笋，淋入食用油，搅匀，捞出，沥干。
4.用油起锅，将三文鱼炒至变色，放入奶酪，略炒，倒入焯过水的食材，炒至奶酪化开，加盐、胡椒粉，炒匀，盛出。

专家点评

胡萝卜富含保护视力的胡萝卜素，而三文鱼有健脾胃、暖胃和中的功能，可以促进人体对胡萝卜素的吸收，且杏鲍菇能增强儿童免疫力。

凉拌海藻

原料：

水发海藻180克，彩椒60克，熟白芝麻6克，蒜末、葱花各少许

调料：

盐3克，鸡粉2克，陈醋8毫升，白醋10毫升，生抽、芝麻油各少许

做法：

1.彩椒切粗丝；开水锅中放入盐、白醋。

2.倒入洗净的海藻，搅匀，大火煮沸，再放入彩椒丝，煮至断生，捞出。

3.把焯煮好的食材装入碗中，撒上蒜末、葱花，加盐、鸡粉，注入陈醋，滴上芝麻油，淋入生抽，搅至入味。

4.盛出，撒上熟白芝麻，摆盘即成。

专家点评

白芝麻有补血明目、祛风润肠、益肝养发之功效，海藻含有钙、铁及藻胶酸、藻多糖、甘露醇等营养成分，能健脾利水、消积散结。

肉末豆角

原料：

肉末120克，豆角230克，彩椒80克，姜片、蒜末、葱段各少许

调料：

食粉、盐、鸡粉各2克，蚝油5克，水淀粉5毫升，生抽、料酒、食用油各适量

做法：

1.豆角切段；彩椒去籽，切成丁。

2.开水锅中放入食粉，倒入切好的豆角，搅匀，煮至断生，捞出，沥干。

3.用油起锅，放入肉末，炒散，淋料酒、生抽，炒匀，放姜片、蒜末、葱段，炒香。

4.倒入彩椒丁，放入焯过水的豆角，炒匀，加盐、鸡粉、蚝油。

5.加入水淀粉，炒至入味，盛出装盘。

专家点评

豆角属碱性食物，可调节体内酸碱平衡、缓解眼睛疲劳，而猪瘦肉含有蛋白质、维生素B_1、锌等营养成分，有助于儿童保护视力。

明目枸杞猪肝汤

原料：

石斛20克，菊花10克，枸杞子10克，猪肝200克，姜片少许

调料：

盐、鸡粉各2克

做法：

1.猪肝切片；洗净的石斛、菊花装入隔渣袋中，收紧袋口。

2.开水锅中倒入切好的猪肝，搅匀，汆去血水，捞出，沥干。

3.砂锅中注水烧开，放入隔渣袋，倒入猪肝，放入姜片、枸杞子，拌匀。

4.烧开后用小火煮至食材熟透，放入盐、鸡粉，拌匀调味。

5.取出隔渣袋，盛出，装入汤碗中即可。

专家点评

枸杞子含有甜菜碱、天仙子胺等有效成分，有滋肝补肾的功效，对肝肾阴虚引起的眼睛精气不足、视力模糊、眼花等症有一定的食疗作用。

推荐食谱

肉末西芹炒胡萝卜

原料：

西芹160克，胡萝卜120克，肉末65克

调料：

盐、鸡粉各2克，水淀粉、料酒各4毫升，食用油适量

做法：

1.西芹切粒，胡萝卜切粒，备用。

2.锅中注水烧开，倒入胡萝卜，煮至断生，捞出，待用。

3.用油起锅，倒入肉末，快速炒至变色。

4.淋入料酒，翻炒出香味，倒入西芹，炒匀，再放入胡萝卜，翻炒片刻至其变软。

5.加入盐、鸡粉、水淀粉，炒至食材入味，盛出。

专家点评

胡萝卜含有胡萝卜素、钙等营养物质，儿童经常食用，能有效维持正常视力；芹菜含铁量较高，常食能使皮肤红润，可使目光有神、头发黑亮。

健脑益智

人类智能的发育和保持，与各脏腑的功能有关。益智类食物的保健作用则在于对人体各脏腑的调摄，起到养心血、开心窍、补脾气、滋肾阴等功效，以达到填髓、健脑、增智等目的。由于大脑发育具有不可逆转性，尤其是0~7岁期间，是儿童智力发育的高峰期，因此，家长们应尽量选择具有健脑益智作用的食物。

饮食新主张

1.营养要均衡。糖类进入人体后可分解产生葡萄糖，为儿童大脑活动提供能量；蛋白质、不饱和脂肪酸、维生素和钙是组成大脑神经细胞并使其传递畅通的营养物质，所以，膳食中应包含多种营养元素。

2.多吃含卵磷脂、DHA和ARA高的食物。卵磷脂是构成大脑及神经组织的重要成分，而DHA和ARA则有助于儿童大脑的发育，这些食材有大豆、蛋黄、核桃、深海鱼等。

3.多吃鱼、豆和蛋类食物。鱼类可为大脑提供丰富的蛋白质，大豆和蛋类食物含有不饱和脂肪酸和钙、磷、维生素B_1等，它们均是构成脑细胞的重要物质。

4.少吃油腻食物。汉堡、比萨、冰激凌、炸薯条等食物脂肪含量高，长期食用会阻碍儿童大脑的发育、降低儿童记忆力、影响儿童学习力。

5.糖不宜多吃。因为糖呈酸性，酸性环境不利于神经系统的信息传递，从而使头脑反应迟缓。

宜吃食物

核桃、杏仁、芝麻、花生、青花鱼、沙丁鱼、鳗鱼、牛奶、海带、大豆、山药、蛋黄、米饭、面条、香蕉、葡萄、金针菇、木耳、牛肉、鸡肉等。

保健小贴士

1.吃好早餐。不吃早餐会造成血糖低下，对大脑营养供应不足。早餐应富含优质蛋白和多种微量元素，如牛奶、鸡蛋、鸡肉饼等。

2.保证充足的睡眠。睡眠是大脑休息和调整的阶段，可使消耗的能量得到补充，良好的睡眠有助于增进儿童的记忆力。一般每天应保证8小时的睡眠时间，同时注意睡觉时不要蒙头。

3.加强体育锻炼。锻炼不仅可以使骨骼、肌肉强壮发达，还能促进大脑和各内脏器官的发育。

荷兰豆有益脾和胃、生津止渴、和中下气的功效，有助于牛肉中优质蛋白和锌等营养物质的吸收，起到健脑益智、增强免疫力的作用。

荷兰豆炒牛肉

原料：

荷兰豆180克，牛肉250克，青椒、红椒各50克，姜片、蒜末、葱段各10克

调料：

盐、味精、料酒、水淀粉、食用油、蚝油、白糖、生粉、酱油各适量

做法：

1.青椒、红椒切片，荷兰豆切去两头。
2.牛肉切片，加生粉、酱油、盐、味精，再加水淀粉抓匀，淋入食用油，腌渍片刻。
3.锅中注油烧热，倒入牛肉，滑炒片刻，捞出；锅底留油，下蒜末、姜片、葱段，倒入荷兰豆、青椒、红椒、料酒，炒匀。
4.倒入滑油后的牛肉，加蚝油、盐、味精、白糖炒匀，翻炒至熟透，盛入盘中即可。

推荐食谱

专家点评

本品色泽鲜艳、营养可口，能增进儿童食欲、补充大脑发育所需的多种维生素，有健脑益智和增强记忆力的功效，适合儿童食用。

青椒炒莴笋

原料：

青椒50克，莴笋160克，红椒30克，姜片、蒜末、葱末各少许

调料：

盐、鸡粉各2克，水淀粉、食用油各适量

做法：

1.将去皮的莴笋切片，再切成细丝。
2.洗好的青椒对半切开，去籽，再切成丝；洗净的红椒切成丝。
3.把切好的食材盛放在盘中，待用；用油起锅，放入姜片、蒜末、葱段，爆香。
4.倒入莴笋丝，翻炒至变软，加入盐、鸡粉，炒匀。
5.放入切好的青椒、红椒，翻炒匀。
6.倒入水淀粉，炒至熟透、入味，盛出即成。

草鱼不仅有开胃、滋补的功效，且含有丰富的不饱和脂肪酸，对改善脑部的血液循环有利，有助于儿童大脑和神经系统的发育。

木瓜草鱼汤

◐原料：

草鱼肉300克，木瓜230克，姜片、葱花各少许

◐调料：

盐、鸡粉各3克，水淀粉6毫升，炼乳、胡椒粉、食用油各适量

◐做法：

1.木瓜去皮切片，草鱼肉切片；鱼片装碗中，加入盐、鸡粉、胡椒粉，拌匀。

2.倒入水淀粉，拌匀，倒入食用油，腌渍10分钟，至其入味。

3.用油起锅，倒入姜片、木瓜，炒匀，倒入水，煮沸，加入炼乳，煮至入味。

4.加盐、鸡粉、胡椒粉，倒入鱼片，煮至沸；盛出，装入碗中，撒葱花即可。

胡萝卜和山药都具有健脾消食的功效，与鸡翅同食，可以促进蛋白质、维生素等营养素的吸收，起到益气安神、补充脑力的作用。

山药胡萝卜鸡翅汤

◐原料：

山药180克，鸡中翅150克，胡萝卜100克，姜片、葱花各少许

◐调料：

盐、鸡粉各2克，胡椒粉少许，料酒适量

◐做法：

1.山药切成丁，胡萝卜切成小块，洗净的鸡中翅斩成小块。

2.锅中注水烧开，倒入鸡中翅，搅匀，淋入料酒，煮沸，撇去浮沫，捞出。

3.砂锅中注入水烧开，倒入鸡中翅，再放入胡萝卜、山药、姜片，搅匀，淋入料酒，转小火煮至食材熟透。

4.放入盐、鸡粉、胡椒粉，去浮沫，搅匀，盛出装碗，放上葱花即可。

核桃含有蛋白质、不饱和脂肪酸、维生素C、维生素E、膳食纤维及多种矿物质，具有促进血液循环、补肾助阳、益智健脑等功效。

核桃仁豆腐汤

原料：

豆腐200克，核桃仁30克，肉末45克，葱花、蒜末各少许

调料：

盐、鸡粉各2克，食用油适量

做法：

1.豆腐、核桃仁切小块；用油起锅，倒入备好的肉末，炒至变色。

2.注入适量水，用大火略煮一会儿，撇去浮油；待汤汁沸腾，撒上蒜末，倒入切好的核桃仁、豆腐，拌匀。

3.用大火煮至食材熟透，加盐、鸡粉，拌匀，煮至食材入味。

4.盛出煮好的汤料，装入碗中，点缀上葱花即可。

推荐食谱

专家点评

本品营养丰富、口感好，鱼头富含儿童大脑发育必需的卵磷脂和不饱和脂肪酸，有助于儿童的脑部发育，且豆腐含钙丰富，能促进骨骼发育。

红花鱼头豆腐汤

原料：

鱼头170克，豆腐150克，白菜230克，红花、姜片、葱段各少许

调料：

盐2克，料酒适量

做法：

1.豆腐切小方块，白菜去根部，再切成块；取一个纱袋，放入红花，系好袋口，制成药袋，待用。

2.砂锅中注水烧热，倒入姜片、葱段，放入药袋。

3.倒入处理好的鱼头，放入豆腐、白菜，拌匀，淋入料酒。

4.烧开后用小火煮至食材熟透，加盐，拌匀，取出药袋；盛出即可。

土豆含有糖类、B族维生素、钙、铁等营养成分，具有健脑益智、益气安神等功效，南瓜还能促进胃肠蠕动，有助于大脑发育所需营养物质的吸收。

土豆南瓜炖豆角

原料：

五花肉260克，南瓜肉160克，土豆65克，豆角100克，姜片、葱段、八角各少许

调料：

盐3克，鸡粉2克，料酒4毫升

做法：

1.去皮的土豆切滚刀块，南瓜肉切大块，五花肉切块，豆角切长段。

2.开水锅中倒入肉块，氽去血水，捞出，沥干；砂锅中注入水烧热，倒入肉块，撒上姜片、葱段、八角，拌匀。

3.烧开后用小火炖煮约30分钟，倒入土豆块、豆角段、南瓜块，拌匀。

4.用小火续煮约20分钟，至食材熟透，加盐、鸡粉、料酒，拌匀，装盘。

鲢鱼含有较多的蛋白质，儿童长期食用，有促进智力发育和降低胆固醇的功效，而且豆腐含有的大豆卵磷脂有益于神经系统的发育。

姜丝鲢鱼豆腐汤

原料：

鲢鱼肉150克，豆腐100克，姜丝、葱花各少许

调料：

盐、鸡粉各3克，胡椒粉、水淀粉、食用油各适量

做法：

1.豆腐切成小方块，鲢鱼肉切成片。

2.鱼肉片装入碗中，放入盐、鸡粉、水淀粉，抓匀，注入食用油，腌渍10分钟至入味。

3.用油起锅，放入姜丝，倒入水，煮沸，加盐、鸡粉、胡椒粉，倒入豆腐块，煮熟，倒入鱼肉片，搅匀，煮熟。

4.将汤料盛出，装碗，撒葱花即成。

豆角烧茄子

◐原料：

豆角130克，茄子75克，肉末35克，红椒25克，蒜末、姜末、葱花各少许

◐调料：

盐、鸡粉、白糖、料酒、水淀粉、食用油各适量

◐做法：

1.豆角切长段，茄子切长条，红椒切碎末；热锅注油，烧至四五成热，倒入茄条，炸约2分钟，至其变软，捞出。
2.油锅中倒入豆角，炸至呈深绿色，捞出。
3.用油起锅，将备好的肉末炒至变色。
4.撒上姜末、蒜末、红椒末，炒匀，倒入炸过的食材，翻炒匀。
5.加盐、白糖、鸡粉、料酒，炒匀，用水淀粉勾芡，装盘，撒葱花即可。

专家点评

茄子含有的维生素P，对促进脑血管循环非常有利，有助于增强儿童记忆力；豆角中的维生素C能调节神经兴奋性，更好地管理脑部活动。

推荐食谱

黄豆花生焖猪皮

◐原料：

水发黄豆120克，水发花生米90克，猪皮150克，姜片、葱段各少许

◐调料：

料酒4毫升，老抽2毫升，盐、鸡粉各2克，水淀粉7毫升，食用油适量

◐做法：

1.猪皮用斜刀切块，倒入开水锅中，淋入料酒，拌匀，去腥味，捞出，沥干。
2.用油起锅，放入姜片、葱段，放入猪皮，炒匀，淋入料酒、老抽，炒匀上色，注水，放入黄豆、花生，拌匀。
3.加盐，拌匀，烧开后用小火焖至食材熟透，撇去浮沫，大火收汁，加鸡粉，拌匀调味，用水淀粉勾芡，盛出即可。

专家点评

花生含有大量的糖类、卵磷脂和钙等营养物质，对儿童智力开发有利。此外，黄豆是低脂肪、高蛋白的食物，也非常有利于儿童的大脑发育。

补铁健体

铁具有造血功能，其能参与蛋白质、细胞色素和各种酶的合成，起到运输氧的作用。儿童缺铁易患缺铁性贫血，常表现为面色、指甲苍白，疲乏困倦，注意力不集中，食欲下降，情绪易波动、易怒或淡漠。为了使儿童成长更加健康，妈妈们可通过食物或药物给儿童补铁，但须注意，要控制好食用量。

饮食新主张

1.多吃动物性食物。动物性食物不仅含铁丰富，其吸收率也高。植物性食物中的铁元素受食物中所含的植酸盐、草酸盐等的干扰，吸收率很低。

2.多吃富含蛋白质、维生素C的食物。补充蛋白质以及维生素C可以促进铁质的吸收。蛋白质主要存在于瘦肉和蛋类中，而维生素C主要存在于水果中，如樱桃、橙子、橘子、杨梅、柚子和桂圆等，这些水果不但含丰富的维生素C，还含有铁质，在促进铁质吸收的同时，还可以补铁。家长可让孩子在饭后半小时吃一个西红柿或者喝一杯橙汁，加强孩子对铁质的吸收。

3.多用铁锅炒菜。铁锅做菜时，还可以加一些醋，让铁还原为二价铁，更适合孩子的机体吸收利用。

4.忌过量饮茶及咖啡。因为茶叶中的鞣酸和咖啡中的多酚类物质会与铁形成难以溶解的盐类，抑制铁质吸收。

宜吃食物

蛋黄、海带、紫菜、木耳、桂圆、猪血、猪肝、大豆、芹菜、芝麻、苋菜、草莓、鹌鹑蛋、牛肉、牡蛎、猪瘦肉、鸡肝、虾米、红豆、榛子、黑枣、菠菜、红枣等。

保健小贴士

1.儿童补铁品不能长久放置。铁元素长久放置时极易氧化，二价铁有可能变成三价铁。

2.儿童补铁品不宜饭前服用。铁对人体胃黏膜有刺激作用，饭前服用时，由于没有进食，会使孩子难以忍受。

3.贫血补铁应坚持“小量、长期”的原则。严格按医嘱服药，切勿自作主张加大服药剂量，以免铁中毒；同时也不能一次大剂量，否则易致急性铁中毒。

菠菜拌胡萝卜

原料：

胡萝卜85克，菠菜200克，蒜末、葱花各少许

调料：

盐3克，鸡粉2克，生抽6毫升，芝麻油2毫升，食用油少许

做法：

1.胡萝卜切丝；菠菜切去根部，切段。
2.开水锅中加食用油、盐，倒入胡萝卜丝，用大火煮约1分钟。
3.倒入菠菜，拌匀，煮至熟软，捞出，沥干水分，待用。
4.食材装入碗中，撒上蒜末、葱花，加盐、鸡粉、生抽和芝麻油，搅至入味。
5.取一个盘子，盛入食材，摆好即成。

专家点评

菠菜富含铁和钾，是补血较佳的蔬菜，儿童常食，能增进儿童食欲，防止因缺铁出现的异食癖，且胡萝卜还对儿童视力发育有益。

推荐
食谱

胡萝卜炒木耳

原料：

胡萝卜100克，水发木耳70克，葱段、蒜末各少许

调料：

盐3克，鸡粉4克，蚝油10克，料酒5毫升，水淀粉7毫升，食用油适量

做法：

1.木耳切小块，洗净的胡萝卜切成片。
2.开水锅中加盐、鸡粉，倒入切好的木耳、胡萝卜，淋入食用油，搅拌匀，煮至其断生，捞出，沥干。
3.用油起锅，放蒜末、木耳、胡萝卜，炒匀。
4.淋入料酒，炒匀，放入蚝油，炒至八成熟，加盐、鸡粉，炒匀，水淀粉勾芡，撒上葱段，炒熟，装盘即成。

专家点评

木耳是含铁较多的食物，有益气补血、润肺镇静、凉血止血的功效，常食木耳可以预防缺铁性贫血，有助于儿童强身健体。

茄汁莴笋

◐原料：

莴笋200克，圣女果180克，蟹味菇120克

◐调料：

番茄酱20克，盐2克，白糖3克，食用油适量

◐做法：

1.圣女果对半切开，去皮的莴笋切成薄片，蟹味菇去根部。
2.开水锅中加盐，放入蟹味菇、莴笋片，淋入食用油，搅匀，煮至断生，捞出。
3.用油起锅，放入圣女果，翻炒至炒出汁水，再倒入蟹味菇和莴笋片，炒匀。
4.加白糖、盐，再挤入番茄酱。
5.用中火炒匀，使食材熟软、入味，装盘即可。

专家点评

茄汁莴笋色泽艳丽，能刺激儿童食欲，可防治儿童缺铁引起的面色苍白。圣女果含有B族维生素、胡萝卜素，有助消化、调整胃肠功能的作用。

推荐食谱

猴头菇鲜虾烧豆腐

◐原料：

水发猴头菇70克，豆腐200克，虾仁60克

◐调料：

盐2克，蚝油8克，生抽、料酒、水淀粉、芝麻油、鸡粉、食用油各适量

◐做法：

1.豆腐切小方块，猴头菇切小块；虾仁去虾线，加料酒、盐、鸡粉、水淀粉，拌匀。
2.再淋入芝麻油，拌匀，腌渍10分钟。
3.开水锅中倒入猴头菇、豆腐，搅匀，煮1分钟，捞出，沥干。
4.用油起锅，将虾仁炒松散，倒入猴头菇和豆腐，淋入料酒、生抽，炒匀。
5.加水，煮沸，放入蚝油，略炒，加盐，炒至入味，倒入水淀粉，炒匀，装盘即成。

专家点评

虾米含有丰富的铁和镁，既能改善缺铁性贫血引起的异食癖，还能很好地保护儿童的心血管系统；常食豆腐，有助于儿童骨骼和牙齿的发育。

三丝紫菜汤

◐ 原料：

香干150克，鲜香菇50克，水发紫菜100克，姜丝、葱花各少许

◐ 调料：

盐、鸡粉各2克，料酒4毫升，胡椒粉少许，食用油适量

◐ 做法：

1.香干、香菇切丝；用油起锅，放入姜丝，爆香，倒入切好的香菇，炒匀。
2.淋入料酒，拌炒香，再倒入适量水，用大火煮约1分钟，煮沸。
3.倒入香干，拌匀，加入水发好的紫菜，拌匀煮沸，放入盐、鸡粉，拌匀调味，撒入胡椒粉，煮沸。
4.盛出，装碗，撒上葱花即可。

专家点评

紫菜含铁丰富，儿童常食，能维持红细胞的正常功能、补血养血。此外，香菇含有香菇多糖等活性物质，可以增强儿童的免疫力。

枸杞红枣芹菜汤

◐ 原料：

芹菜100克，红枣20克，枸杞子10克

◐ 调料：

盐2克，食用油适量

◐ 做法：

1.芹菜切粒，装入盘中，待用。
2.开水锅中放入洗净的红枣、枸杞子。
3.煮沸后用小火煮约15分钟，至食材析出营养物质。
4.加入盐、食用油，略微搅拌，再放入芹菜粒，搅拌匀。
5.用大火煮一会儿，至食材全部熟透、入味。
6.关火后盛出煮好的芹菜汤，装入汤碗中即成。

专家点评

红枣有补中益气、养血生津的功效，且芹菜中的维生素C含量丰富，还能促进铁元素的吸收。另外，枸杞子有养肝明目的功效，适合儿童食用。

推荐食谱

芝麻带鱼

原料：

带鱼140克，熟芝麻20克，姜片、葱花各少许

调料：

盐、鸡粉各3克，生粉7克，生抽4毫升，水淀粉、辣椒油、老抽、食用油各适量

做法：

1.带鱼切小块，放入姜片、盐、鸡粉、生抽、料酒、生粉，拌匀，腌渍入味。
2.热锅注油，将带鱼块炸至金黄色，捞出。
3.锅底留油，倒入水，淋入辣椒油。
4.加盐、鸡粉、生抽，拌匀煮沸，用水淀粉调成浓汁，淋入老抽，炒匀上色。
5.放入带鱼块，炒匀，撒入葱花，装盘，撒上熟芝麻即可。

专家点评

芝麻能补肝肾、益精血，可以治疗贫血所致的皮肤干枯、粗糙等，令儿童皮肤细腻光滑、红润光泽。常食带鱼，还有助于改善儿童的心血管系统。

推荐食谱

陈皮红豆鲤鱼汤

原料：

鲤鱼肉350克，红豆60克，姜片、葱段、陈皮各少许

调料：

盐、鸡粉各2克，料酒4毫升，食用油适量

做法：

1.用油起锅，放入洗净的鲤鱼肉，轻轻移动鱼身。
2.用中小火煎至两面断生，撒上姜片，爆香，注入适量开水，倒入洗净的红豆，撒上葱段。
3.淋入料酒，放入陈皮，搅拌匀。
4.烧开后用小火煮约25分钟，撇去浮沫，加盐、鸡粉，拌匀，煮至食材入味，盛出装碗。

专家点评

红豆富含铁，能养血补血、减少儿童贫血的发生；鲤鱼含有蛋白质、维生素A、B族维生素、锌、硒等营养成分，具有补脾健胃、清热解毒等功效。

桂圆红枣山药汤

◐原料：

山药80克，红枣30克，桂圆肉15克

◐调料：

白糖适量

◐做法：

1.将洗净去皮的山药切开，再切成条，改切成丁。

2.锅中注入适量水烧开，倒入红枣、山药，搅拌均匀。

3.倒入备好的桂圆肉，搅拌片刻；盖上盖，烧开后用小火煮至食材熟透。

4.揭开盖子，加入白糖，搅拌片刻至食材入味。

5.关火后将煮好的甜汤盛出，装入碗中即可饮用。

专家点评

桂圆与红枣搭配具有较好的补铁养血效果，山药含有淀粉酶、多酚氧化酶、黏液质等营养物质，有利于增强儿童的脾胃吸收功能。

瘦肉莲子汤

◐原料：

猪瘦肉200克，莲子40克，胡萝卜50克，党参15克

◐调料：

盐、鸡粉各2克，胡椒粉少许

◐做法：

1.胡萝卜切成小块，猪瘦肉切片。

2.砂锅中注水，加入莲子、党参、胡萝卜、瘦肉，拌匀，用小火煮30分钟。

3.再放入盐、鸡粉、胡椒粉，搅拌匀，至食材入味。

4.关火后盛出煮好的汤料，装碗即可。

专家点评

莲子含有蛋白质、多种维生素及微量元素，具有补脾止泻、养心安神、健胃、固精等功效，搭配瘦肉食用，可改善儿童睡眠、强身健体。

人体骨骼的生长自胎儿期就已开始，其生长主要依靠长骨的生长，即长骨越长，身高越高。长骨由骨干和骨骺组成。干骺端的软骨分化离不开各种营养元素的参与，如蛋白质、钙等，特别是钙，其是组成骨骼的必要元素。儿童期是孩子长高的关键期，因此，赶紧趁着孩子处于“飙高”阶段，给孩子补补营养。

饮食新主张

1.膳食均衡。只有均衡摄取谷物类、畜禽类、蛋类、蔬果类、奶类和坚果类等食物，才能获得糖类、脂肪、蛋白质、矿物质等多种营养素。

2.蛋白质供应充足。蛋白质供应不足，会直接影响孩子的身高，且胶原蛋白和黏蛋白还是构成骨骼的有机成分，可多摄取如猪瘦肉、甲鱼和豆类食物等。

3.钙、锌摄入不可少。钙、锌两种矿物质与生长发育有着密切的关系，应在饮食中适当补充。

4.适量补充维生素。维生素有调节生长激素的作用，而蔬菜水果是维生素的主要膳食来源，妈妈们可为孩子按需选择。

5.少吃糖分高的食物。甜品、饼干等食物摄入过多会阻碍钙的吸收、软化骨骼，应少吃。

6.注意含草酸高的食物的烹调。一些蔬菜中含有草酸，进入体内会结合钙形成沉淀，降低钙的吸收。若将此类蔬菜先在开水中焯一下，则有利于钙的吸收。

宜吃食物

大米、小麦、小米、黄豆、黑芝麻、芥菜、红枣、草莓、紫菜、银耳、兔肉、牛肉、鸡蛋、豆腐、酸奶、牛奶、虾、牡蛎、三文鱼、鳕鱼、榛子等。

保健小贴士

1.多晒太阳。皮肤中的7−脱氢胆固醇经太阳中的紫外线照射后，会生成维生素D，其可增进钙的吸收。儿童多到户外晒太阳，有助于维生素D的产生。

2.保证充足的睡眠。孩子熟睡时，脑垂体会分泌更多的生长激素，有利于关节和骨骼的伸展，若睡眠不足，会直接导致发育迟缓。

3.适当的体育运动。运动可以促进机体新陈代谢、加速血液循环、增高助长。儿童适合进行的运动有跑步、单杠、自由体操、打篮球、打网球、游泳等。

酸甜西红柿焖排骨

◐原料：

排骨段350克，西红柿120克，蒜末、葱花各少许

◐调料：

生抽4毫升，盐、鸡粉各2克，料酒、番茄酱各少许，红糖、水淀粉、食用油各适量

◐做法：

1.西红柿煮至表皮裂开，去皮，切小块；开水锅焯煮排骨段，去血水、浮沫，捞出。

2.用油起锅，倒入蒜末，放入排骨段，炒干水分，淋入料酒，炒匀，加生抽、清水、盐、鸡粉、红糖，拌匀调味。

3.放西红柿、番茄酱，炒匀，小火焖熟，大火收汁，倒入水淀粉，拌煮约半分钟；装盘，撒上葱花即可。

专家点评

排骨含有蛋白质、磷酸钙、骨胶原、骨黏蛋白、铁、磷等营养成分，具有滋阴润燥、强健骨骼等功效，搭配西红柿食用，对儿童长高有益。

推荐食谱

冬瓜薏米煲水鸭

◐原料：

鸭肉400克，冬瓜200克，水发薏米50克，姜片少许

◐调料：

盐、鸡粉各2克，料酒8毫升

◐做法：

1.冬瓜切小块，鸭肉斩小块。

2.锅中注水烧开，加入料酒，放入鸭块，汆去血水，捞出。

3.砂锅中注水烧开，放姜片，倒薏米，放鸭肉，加料酒，搅匀。

4.烧开后用小火炖20分钟，至薏米熟软，放入冬瓜，搅匀，用小火炖15分钟，至食材熟烂。

5.放入盐、鸡粉，搅匀，装盘。

专家点评

鸭肉含有儿童骨骼和肌肉组织发育的必需营养素——蛋白质，儿童常食，有助于体格发育。此外，薏米还有利水渗湿、健脾止泻的功效。

清蒸香菇鳕鱼

原料：

鳕鱼肉150克，水发香菇55克，彩椒10克，姜丝、葱丝各少许

调料：

盐、鸡粉各2克，料酒4毫升

做法：

1.香菇用斜刀切片，彩椒切粒；把香菇片装入盘中，加盐、鸡粉、料酒。

2.放入姜丝，搅拌匀，再倒入彩椒粒，拌匀，调成酱菜，待用。

3.取一个蒸盘，放入鳕鱼肉，再倒入酱菜，堆放好；蒸锅注水烧开，放入蒸盘，用中火蒸约10分钟，至食材熟软。

4.取出蒸好的菜肴，趁热撒上葱丝，待稍凉后即可食用。

专家点评

鳕鱼是含维生素D丰富的海鱼，能促进钙的吸收，改善骨骼发育；香菇含有天然免疫增强剂，儿童常食本品，既能增高助长，又能增强抵抗力。

腰豆莲藕猪骨汤

原料：

猪脊骨600克，莲藕100克，姜片20克，无花果30克，红腰豆80克

调料：

料酒8毫升，盐、鸡粉各2克

做法：

1.莲藕切丁；开水锅中倒入猪骨块，淋入料酒，煮至沸，去浮沫，捞出。

2.砂锅中注水烧开，放入猪骨、姜片，放入无花果、莲藕，淋入料酒，搅匀。

3.烧开后用小火煮20分钟，至其熟软，放入洗净的红腰豆，搅匀。

4.用小火煮10分钟，至红腰豆软烂，放入盐、鸡粉，拌匀调味。

5.盛出煮好的汤料，装入汤碗中即可。

专家点评

猪骨含钙较高，与莲藕搭配还能增强钙的吸收，有利于骨细胞的发育；红腰豆含有维生素A、维生素C、铁等营养物质，具有增强免疫力的功效。

海蜇豆芽拌韭菜

◐ 原料：

水发海蜇丝120克，黄豆芽90克，韭菜100克，彩椒40克

◐ 调料：

盐、鸡粉各2克，芝麻油2毫升，食用油适量

◐ 做法：

1.洗净食材，彩椒切成条，韭菜、黄豆芽切成段。

2.锅中注水烧开，倒入海蜇丝，煮约2分钟，放入黄豆芽、食用油，煮至断生。

3.放入彩椒、韭菜，搅拌匀，煮半分钟，把煮熟的食材捞出，沥干。

4.将煮好的食材装入碗中，加入盐、鸡粉、芝麻油，搅匀即可。

专家点评

海蜇不仅含钙丰富，还含有能促进钙吸收的维生素D，对骨骼组织的发育非常有益；韭菜能益脾健胃、行气理血，有利于营养物质的吸收。

推荐食谱

胡萝卜丝烧豆腐

◐ 原料：

胡萝卜85克，豆腐200克，蒜末、葱花各少许

◐ 调料：

盐3克，鸡粉2克，生抽、水淀粉各5毫升，老抽2毫升，食用油适量

◐ 做法：

1.豆腐切小方块，胡萝卜切细丝。

2.开水锅中加盐、豆腐块，拌匀，略煮，倒入胡萝卜丝，焯煮片刻，捞出。

3.用油起锅，放蒜末爆香，倒入焯过水的食材，炒匀，注入适量水。

4.加盐、鸡粉、生抽、老抽，拌匀，煮至食材入味，倒入水淀粉。

5.快速翻炒几下，盛出，撒葱花即成。

专家点评

豆腐含有较高的钙，对骨细胞的发育非常有益；经常食用胡萝卜，可调节视网膜中感光物质的合成，缓解眼疲劳，对保护儿童的视力有利。

虾米含有儿童易吸收的钙，能增强骨密度、刺激长骨生长、增强体质、提高儿童的运动能力。常食南瓜还能促进胃肠蠕动，帮助食物消化。

南瓜炒虾米

原料：

南瓜200克，虾米20克，鸡蛋2个，姜片、葱花各少许

调料：

盐3克，生抽2毫升，鸡粉、食用油各适量

做法：

1.鸡蛋打入碗中，加入盐，打散。

2.开水锅中加盐、食用油，倒入切好的南瓜，煮至其断生，捞出，沥干。

3.用油起锅，倒蛋液，炒至熟，盛出。

4.炒锅注油烧热，放入姜片、虾米，炒香，倒入南瓜，炒匀，放盐、鸡粉、生抽，炒匀。

5.倒入炒好的鸡蛋，炒匀，装盘，撒上葱花即可。

推荐食谱

专家点评

鸽肉含有多种维生素和矿物质，能为骨骼发育提供丰富的营养和能量，可预防儿童身材矮小；香菇中的香菇多糖和天门冬氨酸，能增强儿童的免疫力。

香菇蒸鸽子

原料：

鸽子肉350克，鲜香菇40克，红枣20克，姜片、葱花各少许

调料：

盐、鸡粉各2克，生粉10克，生抽4毫升，料酒5毫升，芝麻油、食用油各适量

做法：

1.香菇切粗丝，红枣去核；鸽子肉斩成小块，加鸡粉、盐、生抽、料酒，拌匀。

2.撒上姜片，放入红枣肉、香菇丝，撒上生粉，拌匀，淋入芝麻油，腌渍入味。

3.蒸盘中放入腌渍好的食材，静置片刻；蒸锅注水烧开，放入蒸盘。

4.中火蒸至食材熟透，取出；趁热撒上葱花，浇上热油即成。

海带豆腐冬瓜汤

冬瓜有清热下火、促进胃肠蠕动的功效，有助于豆腐中钙的吸收；海带能化痰、软坚、清热、防治夜盲症，食用此汤有助于儿童长高。

原料：

豆腐170克，冬瓜200克，水发海带丝120克，姜丝、葱丝各少许

调料：

盐、鸡粉各2克，胡椒粉少许

做法：

1.豆腐切小方块，冬瓜切小块，备用。
2.开水锅中撒上姜丝、葱丝。
3.放入冬瓜块，倒入豆腐块，再放入洗净的海带丝，拌匀。
4.用大火煮约4分钟，至食材熟透，加入盐、鸡粉。
5.撒上胡椒粉，拌匀，煮至汤汁入味；盛出煮好的冬瓜汤，装入备好的碗中即可。

黄豆蛤蜊豆腐汤

蛤蜊含钙量较高，能增强骨骼组织的发育，而黄豆富含多种氨基酸，且比例接近儿童成长需要，适当补充对骨胶原的形成非常有利。

原料：

水发黄豆95克，豆腐、蛤蜊各200克，姜片、葱花各少许

调料：

盐2克，鸡粉、胡椒粉各适量

做法：

1.洗净的豆腐切成小方块；将蛤蜊打开，洗净。
2.锅中注入适量水烧开，倒入洗净的黄豆，用小火煮20分钟，至其熟软，倒入豆腐、蛤蜊，放入姜片。
3.加入盐、鸡粉，搅匀调味，用小火再煮8分钟，至食材熟透，撒入胡椒粉，搅匀。
4.盛出汤料，装入碗中，撒葱花即可。

增强免疫力

免疫系统的主要功能是防御外界病原微生物的侵入，避免引起各种疾病。宝宝刚出生时，可以从母乳中获得免疫力，而随着自身免疫系统的不断健全，则需依靠自身去对抗疾病。但是，某些不良的饮食或生活习惯，会导致儿童免疫力下降，使疾病趁虚而入。因此，日常饮食调理是增强人体免疫力较为理想的途径。

饮食新主张

1.多饮白开水。水能使鼻腔和口腔内的黏膜保持湿润，很容易透过细胞膜而被身体吸收，使人体器官中的乳酸脱氢酶活力增强，从而有效地提高人体的抗病能力和免疫力。特别是晨起的第一杯凉开水。

2.多吃富含维生素C和锌的食物。维生素C缺乏时，白细胞的战斗力会减弱，身体也更易生病。锌是人体内多种酶的构成成分，能帮助儿童增强自身免疫力。

3.多喝酸奶，坚持均衡饮食。如果有营养不良或情绪紧张或饮食不平衡等情况，会使人的抗病能力减弱。酸奶富含益生菌，可增进食欲。

4.适当补充铁质。铁可以增强免疫力，但铁质摄取过量对身体有害无益，每天不能超过45毫克。

5.补充谷氨酰胺。它是人体不可或缺的非必需氨基酸，有助于增强免疫力。经常感冒或腹泻的儿童，可将谷氨酰胺粉剂加入果汁或凉开水中服用。

6.少吃油炸、熏烤等食物。过多的油炸、熏烤或过甜的食物都会降低人体免疫力。

宜吃食物

海参、灵芝、香菇、蘑菇、白萝卜、蜂蜜、草菇、木耳、银耳、鸡肉、大蒜、洋葱、木瓜、猕猴桃、蛋黄、土豆、菠菜、玉米、带鱼、胡萝卜等。

保健小贴士

1.养成良好的卫生习惯。应督促孩子饭前便后洗手，减少病菌的入侵，防止感染。

2.提高睡眠质量。儿童睡得不好会大大增高疾病降临的机会，妈妈们应给儿童提供一个良好的睡眠环境，如适宜的室温、安静的环境和妈妈的抚慰等。

3.适当运动。运动和锻炼是增强儿童免疫力的良好途径，运动能促进血液循环、有利于营养素的消化，还能增进食欲、有助于增强儿童体质。

木耳拌豆角

◐原料：

水发木耳40克，豆角100克，蒜末、葱花各少许

◐调料：

盐3克，鸡粉2克，生抽4毫升，陈醋6毫升，芝麻油、食用油各适量

◐做法：

1.豆角切小段，木耳切小块。

2.锅中注水烧开，加入盐、鸡粉、豆角，再注入食用油，煮约半分钟，放入木耳，煮至食材断生后捞出。

3.将焯煮好的食材装在碗中，撒上蒜末、葱花，加盐、鸡粉、生抽、陈醋、芝麻油，搅拌一会儿，至食材入味。

4.取一个盘子，盛入拌好的食材即成。

专家点评

木耳含有甘露糖、岩藻糖等活性物质，可以增强儿童免疫力、抵抗病毒侵袭，而豆角有健脾养胃、滋阴润燥的功效，有助于改善消化功能。

推荐食谱

洋葱拌腐竹

◐原料：

洋葱50克，水发腐竹200克，红椒15克，葱花少许

◐调料：

盐3克，鸡粉2克，生抽4毫升，芝麻油2毫升，辣椒油3毫升，食用油适量

◐做法：

1.洋葱、红椒分别切丝。

2.热锅注油，烧至四成热，放入洋葱、红椒，搅匀，炸出香味，捞出。

3.锅底留油，注入水烧开，放入盐，倒入腐竹段，搅匀，煮熟，捞出。

4.将腐竹装入碗中，放入洋葱和红椒，再放入葱花，加盐、鸡粉、生抽。

5.再加芝麻油、辣椒油，拌匀，装碗。

专家点评

洋葱具有散寒、健胃、杀菌等作用，能有效增强儿童抵抗力；腐竹含有较多的谷氨酸，而谷氨酸在大脑活动中具有重要作用，有益于儿童健脑。

南瓜香菇炒韭菜

◐ 原料：

南瓜200克，韭菜90克，水发香菇45克

◐ 调料：

盐2克，鸡粉少许，料酒4毫升，水淀粉、食用油各适量

◐ 做法：

1.韭菜切成段，香菇切成粗丝，去皮南瓜切成丝。

2.锅中注水烧开，加盐，倒入香菇丝、南瓜，煮至断生后捞出，沥干。

3.用油起锅，倒入韭菜段，翻炒，再倒入南瓜、香菇，淋入料酒，炒匀，加盐、鸡粉，炒匀。

4.倒入水淀粉，快速翻炒一会儿，至食材熟软、入味，盛出，装盘即成。

专家点评

香菇含有的水溶性多糖具有增强免疫力的功效，搭配南瓜、韭菜食用，还能补充儿童发育所需的维生素和矿物质，此菜非常适合儿童食用。

菌菇豆腐汤

◐ 原料：

白玉菇75克，水发木耳55克，鲜香菇20克，豆腐250克，鸡蛋1个，葱花少许

◐ 调料：

盐、胡椒粉、鸡粉、食用油、芝麻油各适量

◐ 做法：

1.白玉菇去根部，切成小段；香菇、木耳切成小块；豆腐切成小方块。

2.鸡蛋打入碗中，拌匀搅散，制成蛋液；锅中注水烧热，加盐、豆腐块，略煮，倒入木耳，再煮约1分钟，捞出。

3.开水锅中加盐、鸡粉、食用油，放入焯过水的材料、香菇、白玉菇，拌匀，略煮。

4.撒上胡椒粉，倒入蛋液，拌至浮现蛋花，淋入芝麻油，搅匀，装碗，撒葱花即可。

专家点评

此汤营养可口，易消化吸收，含有多种菌类，对促进儿童新陈代谢和增强免疫力都非常有益，且豆腐中的钙还有助于骨骼发育。

猴头菇冬瓜汤

原料：

水发猴头菇70克，冬瓜200克，猪瘦肉170克，姜片、葱花各少许

调料：

盐、鸡粉各3克，水淀粉4毫升，食用油适量

做法：

1.分别将洗净的猪瘦肉、冬瓜、猴头菇切片；瘦肉片放入碗中，加盐、鸡粉、水淀粉、食用油，腌渍10分钟。

2.锅中注水烧开，放入盐、鸡粉、食用油，再放入姜片、猴头菇和冬瓜。

3.中火煮8分钟，倒入腌好的肉片，搅匀。

4.煮至全部食材熟透、入味，盛出汤料，撒上葱花即可。

专家点评

猴头菇中含有的营养物质是构成白细胞和抗体的主要成分，能起到增强免疫力的作用，且冬瓜具有清热解毒、利水消肿的功效，适合儿童食用。

推荐食谱

木瓜银耳炖鹌鹑蛋

原料：

木瓜200克，水发银耳100克，鹌鹑蛋90克，红枣20克，枸杞子10克

调料：

冰糖40克

做法：

1.去皮的木瓜切小块，银耳切成小块，备用。

2.砂锅中注入适量水烧开，放入红枣、木瓜、银耳，搅匀。

3.用小火炖20分钟，至食材熟软，放入鹌鹑蛋、冰糖，煮至冰糖溶化。

4.加入洗净的枸杞子，再略煮片刻。

5.继续搅拌，使其更入味；盛出煮好的食材，装入碗中即可。

专家点评

银耳中的酸性多糖能有效增强机体对外来致病菌的杀伤能力，降低儿童患感染性疾病的概率。此外，鹌鹑蛋中丰富的蛋白质是构成抗体的主要成分。

红枣山药乌鸡汤

◐原料：

乌鸡块350克，山药160克，红枣15克，姜片、葱段各少许

◐调料：

盐、鸡粉各2克，胡椒粉1克，料酒少许

◐做法：

1.山药切滚刀块；开水锅中倒入洗净的乌鸡块，拌匀，去血水，捞出。

2.砂锅中注入水烧热，放入红枣、姜片、葱段，用大火煮至沸。

3.倒入乌鸡块，淋入料酒，拌匀，烧开后用小火煮约1小时。

4.倒入山药块，用小火续煮约20分钟，加盐、鸡粉、胡椒粉。

5.拌匀，用中火煮至其入味，盛出即可。

专家点评

乌鸡含有蛋白质、B族维生素和多种矿物质，具有补肾养心、促进新陈代谢、增强免疫力等功效。红枣含铁丰富，能补铁养血、强身健体。

胡萝卜银耳汤

◐原料：

胡萝卜200克，水发银耳160克

◐调料：

冰糖30克

◐做法：

1.去皮胡萝卜切滚刀块，洗净的银耳切成小块。

2.砂锅中注水烧开，放入胡萝卜块、银耳，用大火煮沸后转小火炖30分钟，至银耳熟软。

3.加入冰糖，搅拌匀，用小火再炖煮约5分钟，至冰糖完全溶化。

4.略微搅拌，关火后盛出煮好的银耳汤，装入汤碗中即可。

专家点评

银耳含有天然的免疫增强剂，儿童常食，对提高免疫力非常有效，而胡萝卜有健脾和胃、补肝明目、清热解毒等功效，可治肠胃不适、夜盲症等。

推荐食谱

马蹄炒香菇

原料：

马蹄肉100克，香菇60克，葱花少许

调料：

盐3克，鸡粉2克，蚝油4克，水淀粉、食用油各适量

做法：

1.马蹄肉切片，香菇去蒂切粗丝。

2.开水锅中加盐，倒入香菇丝，搅匀，煮约半分钟。

3.再放入切好的马蹄肉，搅拌匀，煮约半分钟，捞出；用油起锅，倒入焯煮过的香菇丝和马蹄肉，炒匀。

4.加盐、鸡粉，炒匀调味，倒入蚝油，炒匀，再注入水淀粉。

5.炒至食材熟透，装盘，撒葱花即成。

马蹄中含有一种叫“荸荠英”的物质，对多种细菌都有抑制作用，能增强儿童抵抗力、防治细菌感染；香菇营养丰富，易消化，适合儿童食用。

推荐食谱

椰香西蓝花

原料：

西蓝花200克，草菇100克，香肠120克，牛奶、椰浆各50毫升，胡萝卜片、姜片、葱段各少许

调料：

盐3克，鸡粉2克，水淀粉、食用油各适量

做法：

1.西蓝花切小朵，草菇对半切开，香肠用斜刀切片；开水锅中放入食用油、盐、草菇、西蓝花，焯煮片刻，捞出。

2.用油起锅，放入胡萝卜片、姜片、葱段，放入香肠，炒香，倒入水，收拢食材。

3.放入焯过水的食材，翻炒几下，倒入牛奶、椰浆，沸腾后加盐、鸡粉，搅匀，煮至食材熟透，倒入水淀粉勾芡，装盘。

专家点评

西蓝花营养丰富而全面，尤其是维生素C的含量较高，对增强机体免疫力非常有益。此外，本品还有钙含量较高的牛奶，有助于儿童的身高增长。

附录1 增进食欲小偏方

孩子不爱吃饭，即便是营养丰富、色香味美的食物摆在面前，也激发不了多少进食的兴趣。那到底是什么原因影响了儿童的食欲呢？归根结底，饮食不节、喂养不当是其主要原因。而为了让孩子胃口大开，在纠正不良饮食习惯的前提下，适当食用一些健胃益脾的小偏方则大有益处。下面就让我们一起来认识这些小偏方吧！

山楂山药饼

用料：山楂（去核）、山药、白糖各适量

做法：山药去皮洗净，将山楂、山药放入烧开的蒸锅中，蒸熟，取出。待山药、山楂放冷后加白糖搅匀，压成薄饼即可。

专家点评：能健脾消食、和中止泻、补脾养胃、生津益肺，对小儿脾虚、食欲不佳、消化不良都有较好的食疗功效。

红枣橘皮饮

用料：红枣10枚，鲜橘皮10克，干橘皮3克

做法：红枣洗净，晾干，炒焦，加入鲜橘皮和干橘皮，用开水泡10分钟，代茶饮。

专家点评：可消食养血，对小儿脾虚食少、消化不良有一定的食疗功效。

白糖板栗

用料：板栗10枚，白糖25克

做法：板栗去皮，加适量水煮成糊膏，下白糖调味，每日食用2次。

专家点评：可养胃健脾，对小儿消化不良、脾虚腹泻有一定的食疗功效。

胡萝卜汁

用料：鲜胡萝卜250克，盐3克

做法：胡萝卜洗净切成块，加水，加盐，煎烂去渣取汁，随时饮用，一日服完。

专家点评：可健脾开胃、养肝明目，能缓解儿童食欲不振、脘腹胀满等症状。

苹果汤

用料：苹果2个，盐少许

做法：苹果洗净，连皮切碎，加水300毫升和盐共煮，煮好后取汤代茶饮。1岁以内幼儿可以不加盐，1岁以上小儿可吃苹果泥。每次30克，每日3次。

专家点评：能生津润肺、开胃消食、止泻，对小儿食欲不振有一定食疗功效。

白萝卜葱白汁

用料：白萝卜、葱白各适量

做法：将白萝卜、葱白分别洗净，切小块，捣烂取汁，多次饮用。

专家点评：可消食、导滞、下气，对小儿食物停滞有较好的食疗效果。

焦馒头汤

用料：馒头1个，锅巴1碗

做法：将备好的馒头切片，与炒焦的米饭锅巴加水煎汤，每次服用20～30毫升，每日3～4次即可。

专家点评：能消食化积、助消化，对小儿脾虚胀满有一定的食疗效果。

莲子糯米

用料：莲子30克，糯米100克

做法：莲子开水泡发，去皮去心，放锅内煮熟烂，研成糊，取洗净的糯米与莲子肉拌匀，再放在盆内入锅中蒸熟，压平切片，3岁以上每次服用2片，每日2～3次。

专家点评：能补中气、清心养神、健脾和胃，对小儿消化不良有较好的食疗效果。

蜜糖苹果

用料：苹果1个，饴糖、蜂蜜各适量

做法：苹果切块，与饴糖、蜂蜜同煮，煮烂即成，可常吃。

专家点评：可加速胃肠蠕动、除积滞，主治小儿疳积引起的消化不良。

西瓜西红柿汁

用料：西瓜、西红柿各适量

做法：将西瓜瓤去籽，用干净的纱布挤压取汁，西红柿用沸水冲烫去皮，同样用纱布挤压成汁，二汁混合，代饮料饮用，用量不限。

专家点评：对内生积热所引起的小儿厌食、挑食有一定的食疗功效。

蚕豆红糖水

用料：蚕豆500克，红糖适量

做法：将蚕豆用水浸泡后，去壳晒干，磨粉。每次30～60克，加红糖适量，冲入热水调匀即可。

专家点评：对脾胃不健、消化不良、饮食不下等所致的厌食症有一定的食疗功效。

大米南瓜

用料：大米50克，南瓜100～150克，红糖、食用油、盐各适量

做法：将大米淘净，加水煮至七八成熟时，滤起；南瓜去皮去瓤，切成块，用油、盐炒过后，加入过滤的大米和红糖，用慢火蒸熟即可。

专家点评：对脾失健运所致的小儿厌食症有一定的食疗功效。

高粱米粥

用料：高粱米50克，白糖少许

做法：高粱米洗净，加水煮粥至熟烂，加入白糖食用。

专家点评：可健脾益胃、生津止渴、益气消积，可用来防治消化不良、积食。

蛋黄油

用料：鸡蛋1个

做法：鸡蛋煮熟，去壳去蛋白，将蛋黄放入锅内用文火熬炼取油。1岁以下、8个月以上的幼儿每天服1个蛋黄油，分2～3次口服。1岁以上的小儿可每日服2个蛋黄油，分2～3次用，连服3天。

专家点评：可健胃消食，内服可治疗慢性胃炎、小儿消化不良及腹泻等。

说明：如服1～2天大便好转可再用，如没有好转则可停用此法。

山楂麦芽红糖水

用料：山楂、麦芽各15克，红糖适量，酒少许

做法：山楂洗净，沥干，用小火将山楂与麦芽炒至略焦，加酒搅拌，再放入干锅中炒干，然后加适量水，煎煮约15分钟，去渣，加红糖煮沸即成。

专家点评：能去积滞、解油腻、消食开胃，适用于食少、腹胀、厌食的儿童。

鸡汁粥

用料：鸡肝、鸡肫各1个，大米50克，盐适量

做法：鸡肝、鸡肫加适量水煮烂，得鸡汁；用水煮米熬粥，待粥成时加入鸡汁，续煮一会儿，再加入盐，可当早餐或晚餐食用。

专家点评：可益气、养血、健脾，主治气血不足、小儿疳积等症。

软炸鸡肝

用料：鸡肝40克，山药粉、干淀粉各10克，鸡蛋半个，葱、姜、盐、食用油各适量

做法：鸡肝洗净，切块，加葱、姜、盐、油等调料略腌后，再与鸡蛋、山药粉及干淀粉调成蛋粉糊，在油锅中炸至金黄色，捞出，与葱花一起入热锅中翻炒即成。每日一次，空腹食用。

专家点评：可健脾益肾、保护眼睛，有助于维持正常视力，可治小儿疳膨食积。

姜参山药膏

用料：生姜5克，党参、山药各50克，蜂蜜60克

做法：生姜捣碎取汁，党参、山药研成末，同蜂蜜一起搅匀，慢慢熬成膏，每次1汤匙，每日3次，热粥送服，连服数日。

专家点评：能补中益气、止渴、健脾益肺、养血生津，主治小儿脾胃虚弱、厌食。

麦枣莲甘茶

用料：绿茶1克，浮小麦200克，红枣30克，莲子25克，生甘草10克

做法：浮小麦、红枣、莲子、生甘草加水1500毫升，煎至浮小麦熟后加入绿茶即可，每次50毫升，每日服3～4次，每日服1剂。

专家点评：可祛五脏六腑寒热邪气、坚筋骨、长肌肉，主治小儿脾虚疳积。

附录2 运动

孩子胃口差，很多妈妈都不知道该如何应对，即便做了各式花样的饭菜，孩子也不爱吃，这是为什么呢？其实，日常生活中往往存在很多因素影响孩子食欲，如孩子过于疲劳或过度兴奋，吃饭时就会想睡觉或无心吃饭，而运动量过少或运动量过大也都会影响孩子的食欲。下面我们就介绍一些可以促进孩子开胃的方法，希望能够为正在发愁的妈妈们带来帮助。

跳绳

跳绳是一种耗时少、耗能大的有氧运动。儿童跳绳能加快胃肠蠕动和血液循环，在增进食欲的同时促进机体的新陈代谢，并有益于儿童体力、智力和应变能力的协调发展。

虽说跳绳是一项简便易行的运动，但是不少孩子在跳绳时，往往不是绳到脚边还没起跳，就是绳未到脚边就先起跳了。这主要是由于儿童还没有掌握好跳绳的节奏。跳绳不但需要身体各部位动作的协调配合，还需要良好的节奏感。因此，家长在指导孩子跳绳时，可让孩子进行分步训练，刚开始先让孩子徒手按节奏模仿跳绳的动作，接着练习甩绳和起跳的动作，等熟练后再开始练习。

儿童跳绳应由慢到快，不要一开始就很快，这样很容易使关节受伤，还很容易疲劳，不易坚持。跳绳时要放松肌肉和关节，脚尖和脚跟用力要协调。

跳绳时应选择穿着质地软、重量轻的运动鞋，以避免脚踝受伤。绳子的软硬、粗细要适中，儿童初学时宜用硬绳，熟练后可改为软绳。选择软硬适中的草坪、木质地板和泥土地的场地较好，不要在硬性混凝土地面上跳绳，以免不慎摔倒后造成关节损伤，引起脑部震荡等不良后果。

踢毽子

踢毽子是一项全身性运动，它需要眼、脑、神经系统和四肢的高度配合，通过抬腿、跳跃、屈体、转身等动作，使身体各部分得到锻炼，可促进孩子全身功能的协调，并带动腰胯等平时不易得到锻炼的部位。踢毽子能够使胃肠蠕动加快，对厌食孩子的胃口大开具有很大的推动作用。此外，踢毽子还有助于增强孩子的心肺功能，使心脏跳动更有力，加强血液循环和新陈代谢。

儿童宜选择在精神状态良好的时候踢毽子，做到心到、眼到、脚到，反应要灵敏，动作要迅速，但精神也不要太紧张，太紧张腿会僵硬。开始时动作幅度要由小到大，速度由慢到快，这样才不会拉伤腿或腰部肌肉。饭后或饭前都不宜踢毽子，这样容易造成胃肠的不良反应。每次练习的时间在15分钟左右即可，要持之以恒，刚开始踢得不好不要着急，坚持经常踢自然就能控制好毽子。

游泳

游泳是一项非常好的有氧运动，它不仅对心肺功能有很好的锻炼效果，而且也能够锻炼人体的肌肉和柔韧性。由于游泳要消耗大量的能量，因此能增进孩子食欲、增强体内代谢功能，使消化功能得到改善，对儿童出现的厌食、消化不良、食欲不振等情况具有较好的缓解作用。此外，游泳可使心肌发达、新陈代谢旺盛，对孩子的生长发育有益。孩子经常游泳还可提高耐寒和抗病能力，并使身体健美匀称。

儿童在初学游泳时，应主要练习平衡、换气及手脚动作。平衡就是要能够让自己平稳地浮在水面上。虽然看似简单，要做到却又很难。刚开始可先在浅水区练习，最好要在旁边有人看着的情况下把自己平着浮在水面上。换气的练习需要循序渐进，耐心很重要，不可过于心急，要慢慢掌握节奏。

儿童学习游泳的好处有很多，但同时游泳也存在着一些潜在的危险，父母要多加防范并注意：（1）孩子游泳时应有家长陪同，且要尽量选择安全系数较高的水位区域游泳。（2）最好选在夏季开始学游泳，夏季水温高，孩子较容易适应。（3）孩子在下水游泳前要做好准备活动，如活动四肢、模仿一些游泳动作等，还可用冷水擦身，以便适应水温。（4）孩子入水前不宜吃过多食物。一旦食物进入气管，容易造成窒息。父母可以选择在游泳前半小时，给孩子吃适量的食物。（5）游泳结束后，要及时清洁身体，避免游泳池水中的化学药剂留在皮肤上，造成皮肤过敏。（6）孩子的体力有限，在水中的时间不宜过长，一旦发现孩子感觉不舒服，应马上带孩子上岸，以免发生意外。

乒乓球

乒乓球作为一项全身运动，以其所特有的速度快、变化多的特点，赢得孩子们的喜爱。孩子通过打乒乓球能够使全身的肌肉和关节组织得到活动，可有效提高灵敏度、协调能力和思维能力。其运动量比网球、羽毛球等要小，可根据个人体质掌握运动量，非常适合儿童练习。此外，儿童经常打乒乓球，还可增进食欲、保护视力、增强心肺功能、提高智力、缓解心理压力等。

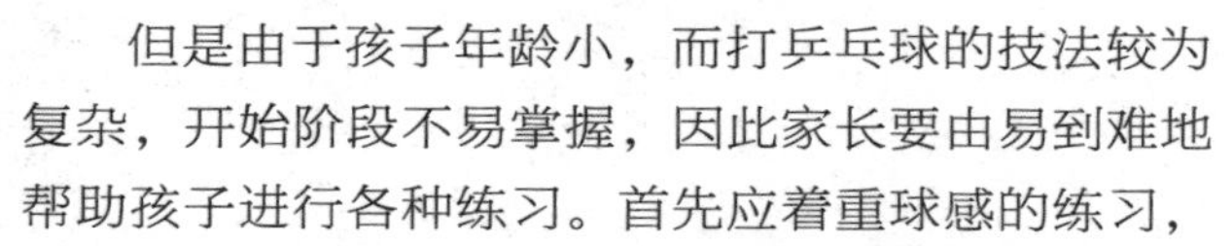

但是由于孩子年龄小，而打乒乓球的技法较为复杂，开始阶段不易掌握，因此家长要由易到难地帮助孩子进行各种练习。首先应着重球感的练习，等孩子建立了一定的球感之后再慢慢穿插一定的上台击球练习。一般来说，儿童初学打乒乓球，要求不用过高，注意培养孩子对乒乓球的兴趣，以及掌握正确的基本动作和击球姿势即可，并不需要特别强调体能和爆发力。儿童在训练中应该以练习基本技术为主。在练习过程中，父母应多鼓励和表扬孩子，以增强其练习的热情。

足球

足球运动是所有球类运动中最均衡的一项运动，人体全身各部位都能得到充分的运动和锻炼。踢足球会加速体内的代谢，使气血流通加快，增强胃肠消化能力，从而有助于孩子食欲的增加，厌食、挑食的孩子平时更应多参加此项运动。足球通过跑步、传球、射球等一系列动作可改善呼吸系统的功能、强化腿部骨骼、提高关节的灵活性。此外，儿童经常参加足球活动，还能促使其视野开阔、反应敏捷。

父母可以与儿童一起练习抢球等动作，如家长用脚做各种控球动作，宝宝用脚踢家长脚下的球，以宝宝踢到球为胜，且抢球时宝宝可以用身体挤撞家长。

需要注意的是，孩子踢足球时，无论出多少汗，都不要马上喝冷饮或吹冷风。出汗太多会造成阳气外泄，如果马上喝冷饮、吹冷风，易造成寒邪入侵，使脏腑受伤。所以，出汗后应先用毛巾擦干，再喝些白开水。

父母要多鼓励孩子踢足球，尤其是周末，爸爸可多和孩子一起参加踢球的活动，既能强身健体，又给孩子树立了一个爱运动的好榜样。

轮滑

轮滑作为一项考验孩子平衡力、受挫折能力、反应能力、耐力和速度的运动，能够全方位地训练孩子的多项技能。轮滑对于孩子来说，既是一项体力、耐力、平衡感和力量的综合性训练，也是一种可以让孩子充分感受到乐趣的运动。尤其是5~6岁的孩子，其骨骼、肌肉、韧带都已有了较好的发育，运动和反应能力也开始逐渐增强，这个时候很适合开始学习轮滑。

由于轮滑具有一定的危险性，因此在开始练习前，一定要先佩戴好护具，如头盔、护膝、护肘和手套等。初学时应尽量穿长衣长裤，以避免摔倒时擦伤皮肤。此外，站立的姿势也很重要，正确的姿势应为两脚略分开约与肩同宽，两脚尖稍向外转形成小"八"字，两腿适度弯曲，上体稍向前倾，目视前方，身体的重心要通过两脚平稳地压到滑轮上，踝关节不要向内或向外倒。

初学轮滑时，孩子难免会感到害怕，这时父母需要多鼓励孩子，让孩子鼓足勇气，尽量掌握平衡，千万不要气馁。滑行时要俯身、弯腿，重心向前，即使是滑倒了，也要往前摔，这样就不至于摔伤尾骨。切记不要高速滑行，也不要在练习场地追逐打闹，以免发生不必要的意外。

平时不用时，可将轮滑鞋的鞋内套取出洗涤干净，可以防臭及避免细菌滋生。

骑儿童自行车

儿童自行车是孩子儿时最喜爱的玩具之一。对于3~8岁的孩子来说，父母可以为他们选择后面有辅助轮的儿童自行车，这种车的重心较低，不容易倒，幼儿很快就会掌握骑车的要点。骑自行车可以提高肺活量、锻炼下肢肌力和增强全身耐力，不仅能使全身多处肌肉、关节和韧带得到锻炼，而且对孩子的运动能力、反应的灵敏度和平衡能力都很有益，是非常适合儿童进行的一项运动。

但是，儿童学骑自行车的时间不宜太早，尤其是3岁以下的幼儿最好不要骑车，因为他们的平衡能力还不是很好，易感到害怕，如果意外受伤的话还会对以后学习骑自行车产生影响。父母选购时应结合儿童的年龄和身高，选择合适的尺寸，即鞍座高度在435~635mm范围内的自行车，而且还要注意手闸的闸把尺寸。值得注意的是，儿童自行车只能作为孩子户外活动的一种玩具，不能当作交通工具任孩子在公路上骑行。孩子8岁之后，可根据实际情况选择没有辅轮的自行车让孩子学习。

当前，按摩被誉为可以随身携带的好医生，不仅因为它简便易行、经济实用，更有赖于其安全有效。为儿童按摩，通过刺激人体特定的经络、穴位，以疏通气血、调理机体，达到调理脾胃、促进消化吸收的目的，从而为其茁壮成长保驾护航。一般情况下，可为儿童选择隔日1次的规律性按摩，按摩一次总的时间为10～20分钟，每次可适当取穴。

摩中脘穴

定位：在腹部，前正中线上，当脐中上4寸。

方法：取仰卧位或坐位，按摩者食指、中指、无名指三指并拢，用三指指腹顺时针方向摩中脘穴1分钟，然后逆时针方向摩2分钟，力度以透热为宜。

功效：中脘穴为胃之募穴，是调理消化道功能的最常用的穴位之一。可配足三里穴治脘腹胀满。

按胃俞穴

定位：在第12胸椎棘突下，旁开1.5寸。

方法：取俯卧位或坐位，按摩者用双手拇指指端或指腹垂直向下按压左右胃俞穴2分钟，以感觉压痛为宜。

功效：胃俞穴为胃之背俞穴，按摩此穴可健脾和胃、提高胃肠的消化功能。配中脘穴可治疗胃痛、呕吐；配上巨虚穴可治疗腹泻。

点脾俞穴

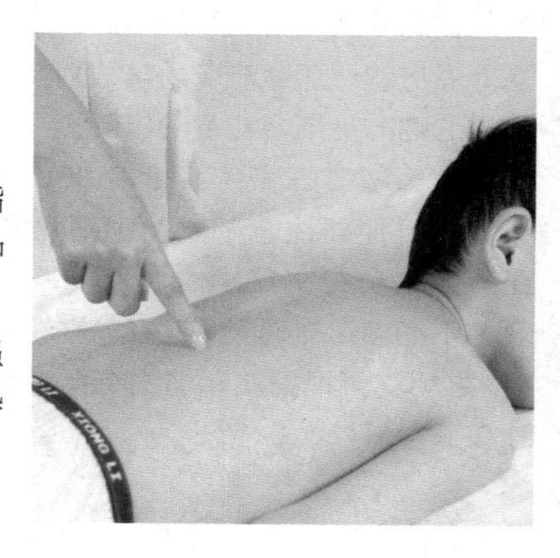

定位：在第11胸椎棘突下，旁开1.5寸。

方法：取俯卧位或坐位，按摩者用双手拇指指端点压在左右脾俞穴上，拇指指端用力，点压1分钟左右。

功效：脾俞穴为脾之背俞穴，按摩此穴可增强消化吸收功能和神经调节功能，对于因脾胃虚弱导致的食欲不振效果较好。可配胃俞、中脘、章门、足三里、关元等穴治泄泻。

滚肝俞穴

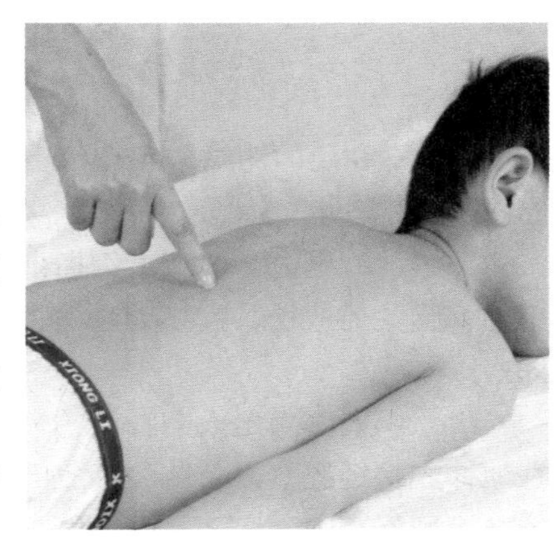

定位：在第9胸椎棘突下，旁开1.5寸。

方法：取俯卧位，按摩者以无名指、中指及小指的第1节指背在肝俞穴上做连续不断的滚动，每次2分钟。

功效：肝俞穴为肝之背俞穴。许多儿童的食欲不振有可能是由于情志不畅、肝失调达所致，适当刺激肝俞穴能够调节肝脏功能，有利于消除负面情绪、恢复食欲。

点冲阳穴

定位：在足背最高点，当拇长伸肌腱和趾长伸肌腱之间，足背动脉搏动处。

方法：取坐位，按摩者用拇指指端点压在冲阳穴上，拇指指端用力，点压1分钟。

功效：冲阳穴为足阳明胃经的原穴，亦是足部胃的反射区。按摩此穴能增加胃肠功能，疏肝理气，可有效改善儿童食欲不振的现象。

掐手三里穴

定位：在前臂背面桡侧，肘横纹下2寸处。

方法：取坐位或仰卧位，按摩者拇指微屈，以拇指指甲着力于手三里穴垂直用力进行按压，每次1分钟。

功效：手三里穴为手阳明大肠经的腧穴。大肠主传导变化，肠与胃相通，因此按摩此穴，可调节肠胃功能。可配足三里穴治腹痛、腹泻、腹胀。

推天枢穴

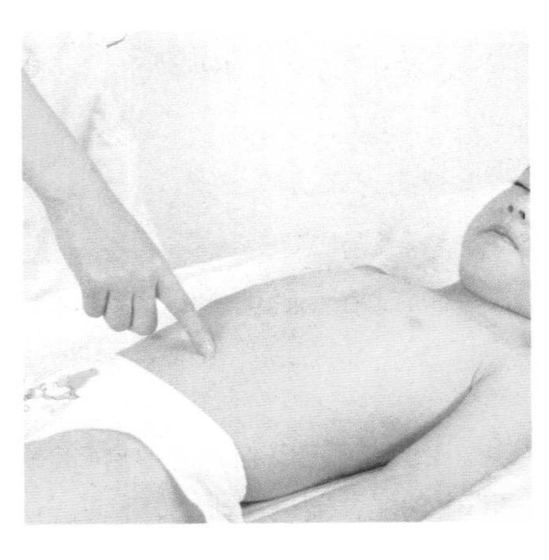

定位：在脐中旁开2寸。

方法：取仰卧位，按摩者用双手掌根推两侧天枢穴2分钟，逐渐向下推至腹部，以皮肤温热为宜。

功效：天枢穴为大肠募穴，是大肠经气血的主要来源，在人体内主要负责疏通脏腑、理气行滞。可配足三里穴治腹胀肠鸣；配上、下巨虚穴治便秘、泄泻等症。

捏太白穴

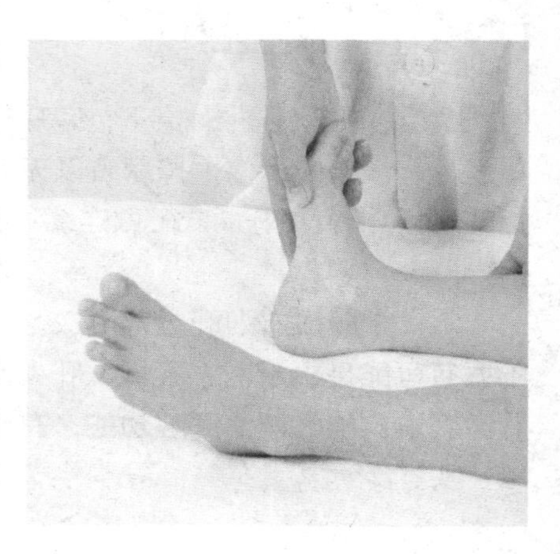

定位：在足内侧缘，当足大趾第1跖骨头后缘，赤白肉际凹陷处。

方法：取坐位，按摩者用拇指与其余四肢相对用力，腕关节放松，捏挤太白穴，由轻到重，每次捏2分钟。

功效：太白为足太阴脾经的输穴和原穴，能较好地补充脾经经气，是脾经经气的供养之源，适当按摩可和胃调中、增强脾胃功能。可配中脘、足三里穴治胃痛。

点梁丘穴

定位：在髂前上棘与髌底外侧端的连线上，髌底外上缘上2寸。

方法：取坐位，按摩者用拇指指端点压在梁丘穴上，拇指指端用力，点压时拇指与穴位呈80°角，点压1分钟。

功效：梁丘穴为足阳明胃经的郄穴，能反映胃内功能的正常与否。按摩此穴，可抑制胃酸过多分泌，恢复胃功能。可艾灸梁丘穴治急性腹泻。

揉章门穴

定位：在第11肋游离端的下方。

方法：取仰卧位或坐位，按摩者用双手拇指指腹或食指、中指指腹揉动章门穴2分钟，频率为120～160次每分钟，以儿童感觉酸胀为宜。

功效：章门穴为脾之募穴，也是八会穴之脏会，可疏肝利胆、健脾和胃、消积导滞。配足三里、梁门穴可治腹胀。

按足三里穴

定位：在小腿前外侧，当犊鼻下3寸，距胫骨前缘外开1横指。

方法：取坐位，按摩者用拇指指端或指腹垂直向下按压足三里穴2分钟，以感觉压痛为宜。

功效：足三里穴为胃下合穴，对胃肠功能有重要的调节作用。按摩此穴，可增强体内的消化功能，促进胃排空，预防小儿疳积。可配内关穴治呕吐，配气海穴治腹胀。